Träger
Personalmanagement

Personalmanagement

Grundlagen, Prozesse und Instrumente

von

Prof. Dr. Thomas Träger

Verlag Franz Vahlen München

Prof. Dr. Thomas Träger lehrt an der Steinbeis-Hochschule in Berlin.

ISBN Print: 978-3-8006-5749-0
ISBN ePDF: 978-3-8006-5750-6

© 2021 Verlag Franz Vahlen GmbH
Wilhelmstraße 9, 80801 München
Satz: Fotosatz Buck
Zweikirchener Str. 7, 84036 Kumhausen
Druck und Bindung: Beltz Grafische Betriebe GmbH
Am Fliegerhorst 8, 99947 Sinzheim
Umschlaggestaltung: Ralph Zimmermann – Bureau Parapluie
Bildnachweis: © z_wei – istockphoto.com

Gedruckt auf säurefreiem, alterungsbeständigem Papier (hergestellt aus chlorfrei gebleichtem Zellstoff)

Vorwort

Digitalisierung, Automatisierung und künstlicher Intelligenz zum Trotz bleiben die Mitarbeiterinnen und Mitarbeiter die wichtigste Ressource in einer Dienstleistungsgesellschaft. Geeignetes Personal zu finden, es zu rekrutieren und an das Unternehmen zu binden, es zu führen und seine Motivation zu nutzen: Dies sind die großen Herausforderungen der Zukunft.

Dieses kompakte Lehrbuch verfolgt den Anspruch, Studentinnen und Studenten der Wirtschaftswissenschaften sowie angrenzender Studiengänge mit den notwendigen Grundlagen des Personalmanagements vertraut zu machen und Zusammenhänge innerhalb seiner Teilbereiche herzustellen. Die konkreten Inhalte wurden für die geplanten Nutzerinnen und Nutzer des Buches wie folgt ausgewählt:

- Studentinnen und Studenten finden eine auf das Wesentliche fokussierte Darstellung, die es erlaubt, Vorlesungen parallel im Buch nachzuvollziehen oder sich konzentriert auf eine Prüfung vorzubereiten.
- Dozentinnen und Dozenten können die Gliederung des Buches für ihre Vorlesungen übernehmen. Sie erhalten vorstrukturierte Vorlesungseinheiten, ausgerichtet auf ein typisches Semester.
- Praktikerinnen und Praktiker finden geraffte Darstellungen zu personalwirtschaftlichen Teilprozessen vor. Damit können Überlegungen zum Einsatz bestimmter Instrumente im Idealfall beschleunigt werden.

Der Aufbau der Kapitel des Buches folgt stets einer gleichen Logik, die es den Lesern ermöglichen soll, schnell mit den gesuchten Inhalten zu arbeiten. Nach einer kurzen Hinführung werden die Lernziele des Kapitels dargestellt. Es folgen sodann die eigentlichen Fachinhalte: Definitionen, Beispiele und zentrale Merksätze sind hervorgehoben. Ergänzt werden die Inhalte durch Kontrollfragen. Diese Fragen eignen sich für die alleinige oder ergänzende Vorbereitung auf Klausuren im Fach Personal eines wirtschaftswissenschaftlich ausgerichteten Bachelor-Studiengangs bzw. für Studierende, die im Nebenfach Betriebswirtschaftslehre eine Personal-Klausur ablegen müssen.

Sprache schafft Realität: Daher hätte ich gerne stets „Mitarbeiterinnen und Mitarbeiter" sowie „Bewerberinnen und Bewerber" etc. im Text geschrieben. Aus Gründen des Leseflusses habe ich mich im Hauptteil für ein durchgehend genutztes generisches Maskulinum entschieden. Ich bitte alle Leserinnen und Leser, mir dies nachzusehen.

Herzlich danke ich Frau M.A. Sabrina Koch für die umfangreiche Unterstützung bei den Kapiteln Personalentwicklung und Motivation/Führung und die damit geschaffene Entlastung. Meiner Frau Kathrin M. Träger danke ich für das Korrekturlesen des Manuskripts.

Besonders danke ich auch Herrn Thomas Ammon vom Verlag Franz Vahlen für die bewährte und stets gute Zusammenarbeit, so auch wieder bei diesem Buch.

Thomas Träger
Steinbeis-Hochschule, Berlin
Thomas.Traeger@SHB-SBA.de

Inhaltsverzeichnis

Vorwort V

Abbildungsverzeichnis XIII

Tabellenverzeichnis XV

Abkürzungsverzeichnis XVII

1. Einführung in das Personalmanagement 1
   1.1 Personalmanagement und seine Herausforderungen .. 2
   1.2 Modernes Personalmanagement 5
   1.3 Strategisches Personalmanagement 7
   1.4 Operative Teilbereiche des Personalmanagements 8
   1.5 Rechtliche Rahmenbedingungen der Personalarbeit .. 9
   1.6 Kontrollfragen 10

2. Personalbedarfsplanung 11
   2.1 Aufgaben und Ziele der Personalbedarfsplanung 12
   2.2 Grundmodell der Personalbedarfsplanung 13
   2.3 Mitarbeitergruppen bilden 14
   2.4 Prognose des Bruttopersonalbedarfs 15
      2.4.1 Schätzungen 16
      2.4.2 Kennzahlen 16
      2.4.3 Personalbemessung 18
   2.5 Analyse und Prognose des Personalbestands 19
      2.5.1 Analyse Ist-Personalbestand 20
      2.5.2 Prognose des Personalbestands 20
   2.6 Ermittlung des Nettopersonalbedarfs 22
   2.7 Kontrollfragen 23

3. Personalbeschaffung/Recruiting 25
   3.1 Aufgaben und Ziele der Personalbeschaffung 25
   3.2 Basis des Recruitings: Personalmarketing und Arbeitgeberattraktivität 26
   3.3 Alternative Personalbeschaffungswege 27
      3.3.1 Interne Personalbeschaffung 29
      3.3.2 Externe Personalbeschaffung 31
   3.4 Passives und aktives Recruiting 31
      3.4.1 Passive Methoden der Personalbeschaffung 32

    3.4.1.1   Initiativbewerbungen 32
    3.4.1.2   Bewerberpool 32
    3.4.1.3   Datenbanken für Stellengesuche 33
    3.4.1.4   Klassische Stellenanzeigen 33
  3.4.2   Aktive Methoden der Personalbeschaffung 35
    3.4.2.1   E-Recruiting............................. 35
    3.4.2.2   Recruiting-Events 37
    3.4.2.3   Active Sourcing 38
    3.4.2.4   Personalberater/Headhunter 39
    3.4.2.5   Nutzung von Leiharbeit 39
3.5   Annahme der Bewerbung 41
3.6   Personalbeschaffung als Prozess – die Candidate Journey 41
3.7   Kontrollfragen 43

4. Personalauswahl 45

4.1   Aufgaben und Ziele der Personalauswahl 46
4.2   Mehrstufige Personalauswahl und Siebmodell 47
4.3   Analyse der Bewerbungsunterlagen 49
4.4   Bewerberinterview, seine Schwächen und Verbesserungen 50
4.5   Instrumente der Personalauswahl 54
  4.5.1   Biografische Fragebögen 54
  4.5.2   Kognitive Einzeltests........................ 55
  4.5.3   Situative Verfahren 55
  4.5.4   Gruppenorientierte Verfahren 57
  4.5.5   Assessment Center 57
  4.5.6   Multimodales Interview 58
4.6   Auswahlentscheidung und Vertragsangebot 61
4.7   Kontrollfragen 63

5. Arbeitszeit und Entlohnung 65

5.1   Arbeitszeitmanagement 66
  5.1.1   Grundlagen des Arbeitszeitmanagements 67
  5.1.2   Gesetzlicher Arbeitszeitrahmen 68
    5.1.2.1   Dauer, Lage und Pausen 69
    5.1.2.2   Besondere Schutzvorschriften............... 70
    5.1.2.3   Urlaubsregelung......................... 71
  5.1.3   Arbeitszeitmodelle......................... 72
    5.1.3.1   Starres Arbeitszeitmodell 72
    5.1.3.2   Gleitende Arbeitszeit 73
    5.1.3.3   Vertrauensarbeitszeit 74
    5.1.3.4   Kapazitätsorientierte variable Arbeitszeit 75

Inhaltsverzeichnis

5.2	Entlohnung	76
5.2.1	Grundlagen der Entgeltgestaltung	76
5.2.2	Formen des Grundentgelts	78
5.2.2.1	Zeitbezogenes Entgelt	78
5.2.2.2	Akkordlohn	80
5.2.2.3	Prämienlohn	82
5.2.3	Zusätzliche Vergütungsbestandteile	83
5.2.3.1	Leistungsbezogene Zulagen	83
5.2.3.2	Bedarfsgerechte Zulagen	84
5.2.3.3	Freiwillige Zulagen und geldwerte Leistungen	84
5.2.4	Mitarbeiterbeteiligung	85
5.2.4.1	Erfolgsbeteiligung	85
5.2.4.2	Kapitalbeteiligung	86
5.2.5	Kombinationsmöglichkeiten durch Cafeteria-Systeme	87
5.3	Kontrollfragen	88

6. Personaleinsatz und -einarbeitung ... 89

6.1	Aufgaben und Ziele des Personaleinsatzes und der Einarbeitung	90
6.2	Aspekte des Personaleinsatzes	91
6.2.1	Kurzfristige Personaldisposition	91
6.2.2	Mittel- und langfristige Zuordnung von Mitarbeiter und Stelle	93
6.2.3	Mitbestimmung bei personellen Einzelmaßnahmen	95
6.3	Personaleinarbeitung	95
6.4	Onboarding-Ansatz	97
6.5	Instrumente der Einarbeitung und Integration	99
6.5.1	Orientierungsseminare	100
6.5.2	Patenprogramme	100
6.5.3	Mentorenprogramme	101
6.5.4	Feedbackrunden	102
6.5.5	Einarbeitungsplan	102
6.6	Kontrollfragen	103

7. Personalentwicklung ... 105

7.1	Aufgaben und Ziele der Personalentwicklung	106
7.2	Inhalte der Personalentwicklung	107
7.2.1	Qualifikation und Kompetenz	108
7.2.2	Berufsbildung	108
7.2.3	Berufsbegleitende Fortbildung	108
7.3	Modelle des Kompetenzmanagements	109
7.3.1	Klassifikation von Kompetenzmanagementmodellen	110

7.3.2	Ausgewählte Kompetenzmanagementmodelle	110
7.3.3	Kompetenzentwicklung und -messung	112
7.4	Prozess der Personalentwicklung	113
7.4.1	Analyse der betrieblichen Anforderungen	113
7.4.2	Qualifikations- und Potenzialanalyse der Mitarbeiter...................................	113
7.4.3	Feststellung des Entwicklungsbedarfs	114
7.4.4	Planung und Durchführung der Personalentwicklungsmaßnahmen..........................	114
7.4.5	Kontrolle der Zielerreichung	115
7.5	Instrumente der Personalentwicklung	115
7.5.1	Wissensvermittelnde, qualifikationsorientierte Maßnahmen	115
7.5.1.1	Vier-Stufen-Methode.....................	115
7.5.1.2	Vorlesungen und Präsenzseminare...........	116
7.5.1.3	E-Learning.............................	116
7.5.2	Kompetenzorientierte Maßnahmen	117
7.5.2.1	Workshops	117
7.5.2.2	Rollenspiele	117
7.5.2.3	Planspiele	117
7.5.2.4	Serious Games	118
7.6	Durchführung der Personalentwicklungsmaßnahmen	118
7.6.1	Interne und externe Durchführung als Wahlentscheidung	118
7.6.2	Selbstorganisiertes Lernen	122
7.7	Controlling der Personalentwicklung	123
7.7.1	Kennzahlen	123
7.7.2	Modelle	124
7.7.2.1	Evaluation nach Kirkpatrick	124
7.7.2.2	Saarbrückener Human-Capital-Ansatz	126
7.8	Kontrollfragen	128

8. Motivation und Führung des Personals 129

8.1	Grundlagen von Motivation und Führung	130
8.1.1	Menschenbilder............................	130
8.1.2	Motiv	134
8.1.3	Motivation und Handlung	134
8.2	Motivationstheorien	135
8.2.1	Inhaltstheorien der Motivation.................	135
8.2.1.1	Bedürfnispyramide von Maslow	135
8.2.1.2	Zwei-Faktoren-Theorie von Herzberg	137
8.2.1.3	ERG-Theorie von Alderfer	138
8.2.2	Prozesstheorien der Motivation	139
8.2.2.1	VIE-Theorie von Vroom	139

8.2.2.2	Motivationstheorie von Lawler/Porter	140
8.2.2.3	Erweitertes kognitives Motivationsmodell nach Heckhausen	142
8.3	Führungstheorien	142
8.3.1	Eigenschaftstheorien	143
8.3.1.1	Grundfaktoren nach Stogdill	143
8.3.1.2	Charisma-Theorie nach Conger/Kanungo	143
8.3.2	Verhaltenstheorien	144
8.3.2.1	Führungsstilkontinuum von Tannenbaum/Schmidt	144
8.3.2.2	Verhaltensgitter von Blake/Mouton	145
8.3.3	Situationstheorien	147
8.3.3.1	Kontingenzmodell von Fiedler	147
8.3.3.2	3D-Modell von Reddin	148
8.4	Kontrollfragen	150

9. Personalfreisetzung ... 153

9.1	Aufgaben und Ziele der Personalfreisetzung	154
9.2	Gesetzliche Rahmenbedingungen der Personalfreisetzung	156
9.3	Alternativen zur Personalfreisetzung	157
9.3.1	Erhöhung der Beschäftigung	158
9.3.2	Verminderung des betrieblichen Arbeitszeitangebots	159
9.3.3	Nutzung von Fluktuation und Einstellungsstopp	162
9.3.4	Einvernehmliche Personalreduktion	163
9.4	Formen und Gründe der Personalfreisetzung durch Kündigung	165
9.4.1	Formen nach der Fristigkeit	165
9.4.1.1	Ordentliche Kündigung	165
9.4.1.2	Außerordentliche Kündigung	166
9.4.2	Kündigungsgründe im KSchG	168
9.4.2.1	Personenbedingte Kündigung	168
9.4.2.2	Verhaltensbedingte Kündigung	169
9.4.2.3	Betriebsbedingte Kündigung	170
9.4.2.4	Vergleich und Prüfung bei sozial gerechtfertigter Kündigung	171
9.4.3	Formvorschriften der Kündigung	173
9.5	Anhörung der Mitarbeitervertretung, § 102 BetrVG	173
9.6	Betriebsänderung	174
9.7	Anzeigepflichtige Massenentlassung	175
9.8	Outplacement: Unterstützung betroffener Mitarbeiter	176
9.9	Kontrollfragen	179

Literatur- und Quellenverzeichnis 181

Stichwortverzeichnis 193

Abbildungsverzeichnis

Abbildung 1:	Aktuelle Herausforderungen der Personalarbeit	3
Abbildung 2:	Dave Ulrichs klassisches HR-Business-Partner-Modell	6
Abbildung 3:	Vorgehen zur Personalbedarfsprognose	14
Abbildung 4:	Prognose des Bruttopersonalbedarfs	16
Abbildung 5:	Prognose des Personalbestands zum Planungshorizont	19
Abbildung 6:	Ermittlung des Nettopersonalbedarfs	22
Abbildung 7:	Personalbeschaffungswege	28
Abbildung 8:	Prinzip der Arbeitnehmerüberlassung	40
Abbildung 9:	Mapping der Candidate Journey – 6-Phasen-Modell	42
Abbildung 10:	Siebmodell	48
Abbildung 11:	Beispiel eines Gleitzeitmodells	73
Abbildung 12:	Entwicklung der Lohnstückkosten bei Zeitlohn	79
Abbildung 13:	Berechnung von Geld- und Zeitakkord	80
Abbildung 14:	Prämienlohn	83
Abbildung 15:	Profilvergleichsmethode	94
Abbildung 16:	Phasen der Sozialisation	99
Abbildung 17:	Kompetenzatlas nach Heyse/Erpenbeck	111
Abbildung 18:	Kompetenzmodell nach Gnahs............	112
Abbildung 19:	Grafische Lösung zur Wahlentscheidung zwischen interner und externer Durchführung einer Personalentwicklungsmaßnahme .	121
Abbildung 20:	Mathematische Umformung und Auflösung nach x.................................	121
Abbildung 21:	Evaluationsmodell nach Kirkpatrick........	125
Abbildung 22:	Maslow'sche Bedürfnispyramide	136
Abbildung 23:	Motivationstheorie nach Lawler/Porter	141
Abbildung 24:	Führungsstilkontinuum nach Tannenbaum/Schmidt	144
Abbildung 25:	Verhaltensgitter nach Blake/Mouton	146
Abbildung 26:	3D-Modell nach Reddin	148
Abbildung 27:	Phasen der Outplacement-Beratung........	177

Tabellenverzeichnis

Tabelle 1:	Abgangs-Zugangs-Tabelle	21
Tabelle 2:	Vor-/Nachteile der internen Personalbeschaffung	30
Tabelle 3:	Vor-/Nachteile der externen Personalbeschaffung	31
Tabelle 4:	Formen des Bewerberinterviews	51
Tabelle 5:	Vor-/Nachteile des Assessment Centers	58
Tabelle 6:	Vor-/Nachteile des Multimodalen Interviews	61
Tabelle 7:	Vor-/Nachteile der Vertrauensarbeitszeit	74
Tabelle 8:	Vor-/Nachteile des Zeitlohns	79
Tabelle 9:	Vor-/Nachteile des Akkordlohns	82
Tabelle 10:	Vor-/Nachteile des Prämienlohns	83
Tabelle 11:	Muster einer Checkliste	96
Tabelle 12:	Vor-/Nachteile der internen Durchführung einer Personalentwicklungsmaßnahme	119
Tabelle 13:	Vor-/Nachteile der externen Durchführung einer Personalentwicklungsmaßnahme	119
Tabelle 14:	Vor-/Nachteile selbstgesteuerter Personalentwicklung	123
Tabelle 15:	Menschenbilder nach McGregor (Theorie X und Y)	131
Tabelle 16:	Ergänzung der Menschenbilder nach Ouchi (Theorie Z)	132
Tabelle 17:	Beispiele für freiwillige Fluktuationsquoten 2018	162
Tabelle 18:	Vorteile der einvernehmlichen Personalreduktion	164
Tabelle 19:	Kündigungsfristen nach § 622 BGB	166
Tabelle 20:	Punkteschema zur Sozialauswahl	171
Tabelle 21:	Prüfungsvoraussetzungen für personen-, verhaltens- und betriebsbedingte Kündigungen	172
Tabelle 22:	Schwellenwerte für anzeigenpflichtige Massenentlassungen	175
Tabelle 23:	Vorteile von Outplacement für Unternehmen und Arbeitnehmer	178

Abkürzungsverzeichnis

AG	Aktiengesellschaft
AGG	Allgemeines Gleichbehandlungsgesetz
API	Application Programming Interface
ArbZG	Arbeitszeitgesetz
BBiG	Berufsbildungsgesetz
BetrVG	Betriebsverfassungsgesetz
BUrlG	Bundesurlaubsgesetz
CBT	Computer-based Training
CEM	Candidate Experience Management
CV	Curriculum Vitae
ERG	Existence, Relatedness, Growth
EVP	Employer Value Proposition
FTE	Full-Time-Equivalent
GmbH	Gesellschaft mit beschränkter Haftung
HR	Human Resources
HR-BP	Human-Resources-Business-Partner
HRM	Human Resource Management
JArbSchG	Jugendarbeitsschutzgesetz
Kapovaz	Kapazitätsorientierte variable Arbeitszeit
KG	Kommanditgesellschaft
KODE	Kompetenz-Diagnose und -Entwicklung
LPC	Least Preferred Coworker
MINT	Mathematik, Ingenieurswesen, Naturwissenschaft und Technik
MMI®	Multimodales Interview
MuSchG	Mutterschutzgesetz
ROI	Return on Investment
RPA	Robotic Process Automation
TV	Tarifvertrag
TzBfrG	Teilzeit- und Befristungsgesetz
VUCA	Volatility, Uncertainty, Complexity, Ambiguity
WBT	Web-based Training
XML	Extended Markup Language

1 Einführung in das Personalmanagement

"Companies now are finding that the HR issues are, in fact, center stage to business competitiveness. The intellectual capital, core competencies and organizational capabilities are all the pieces that are central to success." (Dave Ulrich, 1997)

Digitale Transformation, **Künstliche Intelligenz** und **Big Data** sowie die damit verbundene Beschleunigung des Wettbewerbs stellen die Unternehmen täglich vor eine Situation permanenten Wandels: Etablierte Geschäftsmodelle veralten durch die Konzepte neuer Wettbewerber quasi „über Nacht". Unternehmen spüren Unsicherheit hinsichtlich des richtigen Weges in die Zukunft.

Diese Gemengelage wird auch mit dem Akronym „**VUCA**" bezeichnet. VUCA steht für eine Unternehmensumwelt, die von Volatilität (Volatility), Unsicherheit (Uncertainity), Komplexität (Complexity) und Mehrdeutigkeit (Ambiguity) geprägt ist.

Unternehmen benötigen in dieser dynamischen Umwelt Mitarbeiter, die qualifiziert, kompetent, motiviert und flexibel genug sind, die Veränderungen der Unternehmensstrategie zu begleiten. In diesem Sinne sind Mitarbeiter nicht mehr nur ein Produktionsfaktor, wie Erich Gutenberg ihn im letzten Jahrhundert sah[1], sondern sie sind eine wertvolle Ressource.

Mitarbeiter sind eine Ressource mit einem eigenen Kopf und einem eigenen Willen. Man kann sie als „Personal" nicht bedingungslos „einkaufen" und sie „funktionieren". Diese Erkenntnis hat dazu geführt, dass das Personalmanagement heute als wichtige Funktion gesehen wird, die es bei der Gewinnung, Entwicklung und Nutzung von Mitarbeitern übernimmt.

Dieses Kapitel führt in das Personalmanagement ein. Es stellt einige grundlegende Begriffe, die Herausforderungen und Teilbereiche des Personalmanagements sowie dessen rechtlichen Rahmen vor.

Lernziele

Das Studium dieses Kapitels vermittelt Ihnen die Grundlagen des Personalmanagements und erste wesentliche Begriffe. Lernziele des Textstudiums sind:

- Sie wissen, dass zum Personal nicht nur Mitarbeiter gehören, und können den Personalbegriff definieren.
- Sie kennen den Zweck des Personalmanagements und seiner Teilbereiche.
- Sie kennen wichtige rechtliche Rahmenbedingungen der Personalarbeit in Deutschland.

1.1 Personalmanagement und seine Herausforderungen

Die Aufgaben und das Selbstverständnis der Personalfunktion in den Unternehmen haben sich in der jüngeren Geschichte deutlich gewandelt. Historisch wurde die Personalfunktion lange Zeit mit der **Personaladministration** gleichgesetzt: Die Pflege der Personalakten und das Abrechnen der Personalentgelte waren bis ca. 1960 die typisch verwaltenden, bürokratischen Tätigkeiten der für das Personal zuständigen Stellen.[2]

In der Folge gelang dem Personalwesen zunächst eine **Institutionalisierung**: In den Unternehmen haben sich spezialisierte Personalabteilungen gebildet, die alle personalbezogenen Stellen unter professioneller Leitung zusammenfassten. Ab 1970 setzte dann eine von den Personalabteilungen begleitete Phase der **Humanisierung** ein:[3] Auch als Folge der gesellschaftlichen Umbrüche entdeckte man Partizipation, kooperative Mitarbeiterführung und eine menschenbezogene Zusammenarbeit.

Es folgte ein Jahrzehnt der **Ökonomisierung**: Der Ölpreisschock zu Beginn der 1980er und ein gewachsenes Bewusstsein für Wirtschaftlichkeit sorgten in den Personalabteilungen für Entbürokratisierung und Standardisierung der Vorgänge.

In den 1990er-Jahren setzte die **unternehmerische Orientierung** der Personalarbeit ein:[4] Der Gedanke der Kernkompetenz, dem breiten Management durch den Artikel *„The Core Competence of the Corporation"* von C.K. Prahalad und Gary Hamel nahegebracht, machte auch

---

[2] Vgl. Wunderer/von Arx, Personalmanagement als Wertschöpfungscenter, 2002, S. 26.
[3] Vgl. Wunderer/von Arx, Personalmanagement als Wertschöpfungscenter, 2002, S. 27.
[4] Vgl. Wunderer/von Arx, Personalmanagement als Wertschöpfungscenter, 2002, S. 27.

1.1 Personalmanagement und seine Herausforderungen

vor dem Personalbereich nicht halt.[5] Das Personalwesen suchte nach seiner Kernkompetenz und fand sie unter anderem in der **Unterstützung der Unternehmensstrategie**. Zu dieser Zeit etablierte sich auch in Deutschland der Anglizismus „**Human Resource Management**" oder kurz „**HR-Management**" bzw. „HRM" für das Personalmanagement.

Damit wurde aus dem Personalwesen endgültig das **Personalmanagement**, das wie die Unternehmensführung selbst einen strategischen Anspruch verfolgt.

> Das **Personalmanagement** umfasst alle planenden, entscheidenden, organisierenden und kontrollierenden Prozesse mit Personalbezug, die mit dem besonderen Anspruch ausgeführt werden, die Unternehmensleitung bei der Formulierung und Erreichung strategischer Ziele zu unterstützen.

Seit etwa 2010 steht das Personalmanagement vor neuen Herausforderungen, die sich aus Veränderungen in der Unternehmensumwelt sowie aus einem Wertewandel auf individueller Mitarbeiterebene ergeben.

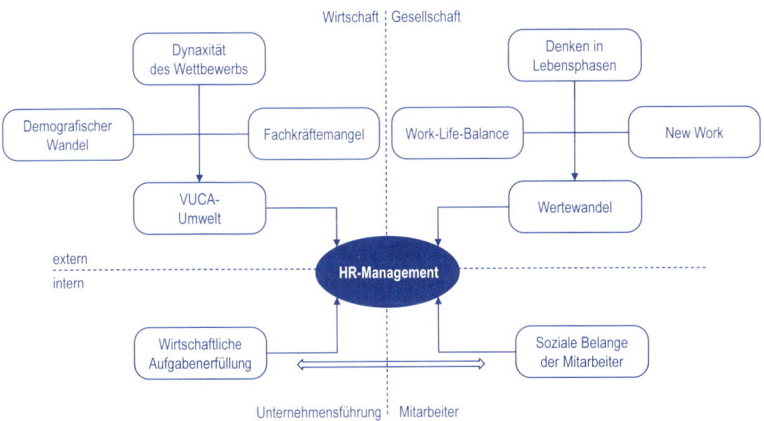

Abbildung 1: Aktuelle Herausforderungen der Personalarbeit

Herausforderungen stellen sich extern aus der Wirtschaft und dem Wettbewerb zwischen den Unternehmen heraus: Dies kann als mit dem bereits eingeführten Kürzel der **VUCA-Umwelt** bezeichnet werden.

Mit dem **demografischen Wandel** ist der Trend zur **Überalterung** der Gesellschaft gemeint. Damit einhergehend sinkt die Anzahl der Einwohner, die sich in einem arbeitsfähigen Alter befinden. Prognosen zur Entwicklung des Erwerbspersonenpotenzials gehen

---
[5] Siehe Prahalad/Hamel, The Core Competence of the Corporation, 1990.

davon aus, dass sich der Anteil der erwerbsfähigen Personen an der Gesamtbevölkerung trotz Zuwanderung und der seit Kurzem wieder steigenden Geburtenraten bis zum Jahr 2030 verringern wird. Erwerbspersonen sind alle Personen, die ihren Wohnsitz im Bundesgebiet haben, mindestens 15 Jahre alt sind und eine Erwerbstätigkeit ausüben oder ausüben wollen. Dabei ist es unerheblich, ob die Erwerbstätigkeit als Arbeitnehmer oder Selbstständiger, haupt- oder nebenberuflich ausgeübt wird sowie, ob Erwerbslose als arbeitslos gemeldet sind.

Das Statistische Bundesamt ermittelte 49,7 Mio. **Erwerbspersonen** im Jahr 2008. Im Jahr 2017 lebten in Deutschland rund 82,6 Millionen Menschen, darunter etwa 44,2 Millionen Erwerbstätige und rund 2,5 Millionen Arbeitslose. Das Erwerbspersonenpotenzial lag damit 2017 zwischen 46 bis 47 Millionen Personen. Geschätzt wird, dass diese Zahl bis zum Jahr 2030 auf 44,8 Mio., sinken wird.[6]

Als **Fachkräfte** werden solche Personen bezeichnet, die zur Bewältigung ihrer Arbeitsaufgaben eine mehrjährige fachspezifische Ausbildung erfolgreich abgeschlossen haben.[7] Ein Fachkräftemangel herrscht dann, wenn mehr Stellen für Fachkräfte ausgeschrieben sind, als Fachkräfte auf dem Arbeitsmarkt verfügbar sind. Allein im Bereich der sog. **MINT-Berufe**, das sind mathematisch, ingenieurs- und naturwissenschaftlich geprägte sowie technische Berufsbilder, standen im September 2017 rund 470.000 vakanten Stellen nur etwa 183.000 Arbeitsuchende mit der erforderlichen Qualifikation gegenüber, das heißt, es fehlten rund 287.000 Fachkräfte.[8]

Demografischer Wandel und Fachkräftemangel führen gemeinsam dazu, dass zwischen den Unternehmen ein intensiver Wettbewerb um qualifiziertes Personal entsteht. Diese Situation bezeichnet man auch als „**War for Talents**", ein ursprünglich von der Unternehmensberatung McKinsey geprägter und heute allgemein gebräuchlicher Ausdruck.

Das Kofferwort „**Dynaxität**" besteht aus den beiden Begriffen „Dynamik" und „Komplexität". Es drückt aus, dass ein Unternehmen als System heute schwieriger zu steuern ist, da es im Extremfall turbulenten und chaotischen Einflüssen ausgesetzt ist.

Extern wird das Personalmanagement auch vom **gesellschaftlichen Wertewandel** gefordert.

Die Ansprüche der Mitarbeiter an die **Vereinbarkeit von Beruf und Privatleben** sind gestiegen: Wer morgens als Leistungsträger hart

---

[6] Vgl. Statistisches Bundesamt (Hrsg.), Bevölkerungsvorausberechnung [Online], 2015.
[7] Vgl. Kanning, Personalmarketing, 2017, S. 7.
[8] Vgl. Die Zeit (Hrsg.), Offene Stellen [Online], 2017.

arbeitet, möchte vielleicht am Nachmittag des gleichen Tages für seine Familie da sein. Kann ein Arbeitgeber die spezifischen Wünsche seiner Mitarbeiter nicht erfüllen, verlassen die Mitarbeiter das Unternehmen oder ziehen von vornherein die Beschäftigung bei einem Wettbewerber vor.

Auch das explizite **Anerkennen von Lebensphasen** gehört zu diesen gesellschaftlichen Werteveränderungen: Mitarbeiter durchlaufen privat einen **sozialen Lebenszyklus**, der in zeitliche Abschnitte unterteilt werden kann. Die Gründung einer Familie, Elternschaft oder auch die Pflege von Angehörigen stellen unter Umständen solche Phasen dar. Ganz im Sinne einer gelebten „**Work-Life-Balance**" sind die privaten mit den beruflichen Phasen zu verzahnen: Aus dem früheren „Entweder-oder" zwischen Beruf und Familie soll ein „Sowohl-als-auch" werden – will man als Arbeitgeber attraktiv für Bewerber sein.

Der Begriff „**New Work**" geht zurück auf den Sozialphilosophen *Frithjof Bergmann*. New Work greift den fundamentalen Wandel der Arbeitswelt auf und beschäftigt sich intensiv mit der Beziehung von Mensch und Arbeit. Dies betrifft die organisatorische Veränderung (Wegfall von Hierarchien), technologischen Wandel (Virtualität) und soziale Aspekte (Teamarbeit, Selbstorganisation). Letztlich geht es um die Selbstverwirklichung des Menschen in der Arbeit. Diesen Wertewandel muss das HR-Management aufnehmen und sich ihm stellen.

Intern muss das Personalmanagement unter anderem das **Spannungsfeld** zwischen den Forderungen der Unternehmensleitung nach einer **wirtschaftlichen Aufgabenerfüllung** und den **sozialen Belangen** und Wünschen der Mitarbeiter aushalten.

1.2 Modernes Personalmanagement

Zur Bewältigung der genannten Herausforderungen hat zuletzt im Personalmanagement ein Ansatz von Dave Ulrich starke Beachtung gefunden:[9] Das Personalmanagement als **HR-Business-Partner**. Dave Ulrich veröffentlichte 1997 das Rollenmodell eines HR-Business-Partners (Kurz: HR-BP), welches oftmals auch als klassisches Ulrich-Modell bezeichnet und bis heute, sowohl von Ulrich selbst als auch von anderen Wissenschaftlern, stetig verändert und weiter ausgebaut wird.[10]

---

[9] Siehe Ulrich, HR of the future, 1997.
[10] Vgl. Claßen/Kern, HR Business Partner, 2010, S. 57 f.; Ulrich/Brockbank, The HR Business-Partner Modell – Past Learnings and Future Challenges, 2009, S. 5–7.

Dieses Modell stellt die vier Rollen des klassischen HR-BP dar: **Strategic Partner**, **Change Agent**, **Administrative Expert** und **Employee Champion**. Diese basieren zum einen auf den Dimensionen strategischer und operativer Fokus sowie andererseits auf den Ausrichtungen Prozess und Mensch.

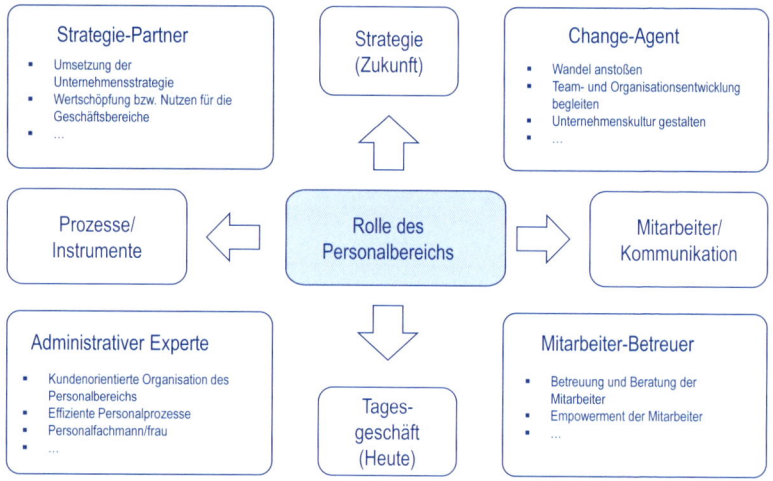

Abbildung 2: Dave Ulrichs klassisches HR-Business-Partner-Modell

Ulrich definiert damit vier Rollen, die das Personalmanagement einnehmen muss, um einen sichtbaren Wertbeitrag zum Unternehmen zu liefern:

- **Strategie-Partner (Strategic Partner):** In dieser Rolle unterstützen Mitarbeiter des Personalmanagements bei der Erreichung der Unternehmensstrategie und werden aktiv in die strategische Konzeption eingebunden.
- **Change-Agent:** Als Change-Agent agiert der Personaler als Veränderungsexperte und soll unternehmerische Transformations- und Wandlungsprozesse begleiten.
- **Administrative Experte (Administrative Expert):** Verwaltung und Abwicklung administrativer Aufgaben müssen reibungslos und auf Expertenniveau funktionieren. HR übernimmt die Rolle als Experte für solche Routineprozesse.
- **Mitarbeiter-Betreuer (Employee Champion):** Diese Rolle umfasst Tätigkeiten, die jedoch überwiegend auf den Mitarbeiter als Menschen fokussieren.

1.3 Strategisches Personalmanagement

> **Exkurs**
>
> „Operativ" und „strategisch" charakterisieren den zeitlichen Bezug einer Tätigkeit:
> - **Operatives Personalmanagement:** Befasst sich mit Zeitfenstern von bis zu einem Jahr Dauer, d. h. betont die kurzfristigen Vorgänge.
> - **Taktisches Personalmanagement:** Betrifft Personalfragestellungen mit einem Zeitraum von über einem Jahr bis zu drei Jahren.
> - **Strategisches Personalmanagement:** Ist betont langfristig angelegt und behandelt Fragestellungen und Themen mit einem Zeithorizont von über drei Jahren.
>
> Die taktische Ebene der Personalarbeit wird selten in der Literatur betrachtet, auch wenn z. B. die heute stark gefragten Team- und Gruppenbildungsprozesse typischerweise in dieser Zeitspanne stattfinden.[11] Üblich ist eine Einteilung der Personalaufgaben in die operativen und strategischen Belange des Personalmanagements.

Das HR-BP-Modell hat zur Schaffung einer eigenen HR-Organisation geführt, dem **HR-Service-Delivery Model**, welches die Rollen den drei Säulen HR-Business-Partner (HR-BP), HR-Shared-Service-Center (HR-SSC) und HR-Centers of Expertise (HR-CoE) zuordnet.[12]

Während die Praxis noch mit der Umsetzung des HR-BP-Modells sowie des HR-Service-Delivery-Modells beschäftigt ist, kündigt sich mit fortgesetzter Digitalisierung der nächste Trend an: Die **digitale HR-Transformation**.[13] Darunter ist zu verstehen, dass künstliche Intelligenz, auf Big Data basierende Algorithmen und Robotic Process Automation (RPA) die Fachabteilung befähigen, Personalvorgänge ohne das Personalmanagement abzuwickeln.

1.3 Strategisches Personalmanagement

Die Personalstrategie ist als **funktionale Teilstrategie** zu interpretieren. Ziel der Personalstrategie ist die Umsetzung der Impulse der Geschäftsstrategie sowie die Einleitung eigenständiger, originärer Aktivitäten für den Personalbereich zum Aufbau, zur Erhaltung und zur Nutzung der Personalressourcen.[14]

Der **Personalstrategie** kommt als **unternehmensweite Querschnittsfunktion** eine besondere Bedeutung zu. Als Voraussetzung zur Rea-

---

[11] Vgl. Scholz, Personalmanagement, 2013, S. 109.
[12] Vgl. Claßen/Kern, HR Business Partner, 2010, S. 112.
[13] Vgl. Schwaab/Jacobs, Die nächste HR-Transformation, 2018, S. 30.
[14] Vgl. Bühner, Personalmanagement, 2005, S. 12.

lisierung aller anderen strategischen Überlegungen im Unternehmen hat sie die Verfügbarkeit entsprechender personeller Kapazitäten in qualitativer, quantitativer und zeitlicher Hinsicht sicherzustellen.

Das HR-Business-Partner-Modell verdeutlicht, dass das moderne Personalmanagement an der Unternehmensstrategie aktiv beteiligt wird. Dies wird über zwei Arten der Anbindung an die Unternehmensstrategie erreicht:[15]

- Die **Personalstrategie** wird aus der Unternehmensstrategie **abgeleitet**: Dazu werden aus den Investitions- und Kooperationsvorhaben der Unternehmensstrategie die strategischen Implikationen für das Personalmanagement „heruntergebrochen". Wenn z. B. gemäß Investitionsplan ein neues Werk errichtet werden soll, übernimmt das Personalmanagement das strategische Ziel, geeignetes Personal hierfür bereitzustellen.
- **Personalstrategie und Unternehmensstrategie** bedingen sich **wechselseitig**: Das Personal mit seinen Fähigkeiten stellt die Ressourcen des Unternehmens dar. Diese Ressourcen ermöglichen und limitieren zugleich die Unternehmensstrategie. Während die abgeleitete Fragestellung lautet: „Welches Personal brauchen wir für die Umsetzung der Geschäftsstrategie?", lautet diese nun: „Welche Märkte lassen sich mit den aktuellen und potenziellen Qualifikationen des Personals erschließen?"

> Das **Personal** des Unternehmens umfasst mehr als die Mitarbeiter. Mit dem Personalbegriff werden alle Arbeitskräfte bezeichnet, die das Unternehmen zur Aufgabenerfüllung einsetzen kann. Neben den Arbeitnehmern (Arbeiter, Angestellte, leitende Angestellte, Auszubildende und Praktikanten) gehören auch die Organmitglieder der Unternehmensleitung, Freelancer und Leiharbeitnehmer zum Personal.[16]

1.4 Operative Teilbereiche des Personalmanagements

In **operativer Hinsicht** hat das Personalmanagement – unabhängig von seiner organisatorischen Ausgestaltung – den Mitarbeiter auf seinem Weg durch das Unternehmen zu begleiten. Dies umfasst die folgenden Teilbereiche, die im weiteren Verlauf des Buches kapitelweise detailliert behandelt werden:

- **Personalbeschaffung und Recruiting:** Stellt die grundsätzliche Verfügbarkeit von Personal für das Unternehmen sicher. Als Voraussetzung für die Personalbeschaffung wird mit den Methoden

---

[15] Vgl. Bühner, Personalmanagement, 2005, S. 15–19.
[16] Vgl. Bröckermann, Personalwirtschaft, 2007, S. 1.

des Personalmarketings die Arbeitgeberattraktivität positiv gestaltet.
- **Personalauswahl:** Während die Personalbeschaffung Bewerbungen generiert, ist es die Aufgabe der Personalauswahl, zu prüfen, ob unter den Bewerbern mindestens einer die Anforderungen der zu besetzenden Stelle erfüllt. Bei mehreren geeigneten Bewerbern ist der Beste auszuwählen. Dazu bedient sich die Personalauswahl verschiedener Methoden, um die Eignung der Bewerber zu diagnostizieren.
- **Arbeitszeit und Entlohnung:** Bietet Unterstützung bei der Konzeption und Implementierung von zu den Betriebserfordernissen passenden Arbeitsmodellen und Entgeltformen.
- **Personaleinsatz und -einarbeitung:** Weist Mitarbeitern eine Stelle zu und arbeitet sie auf dieser derart ein, dass sie schnell das zu erwartende Leistungsniveau erreichen.
- **Personalentwicklung:** Aufgaben der Personalentwicklung sind die Planung und Durchführung wissensvermittelnder, qualifikations- oder kompetenzorientierter Maßnahmen zur Entwicklung des Personals in beruflicher wie auch persönlicher Hinsicht.
- **Motivation und Führung des Personals:** Als operative Mitarbeiterbetreuer ist es für das Personalmanagement wichtig, die Grundlagen der Motivation und Führung zu kennen, um in Problemfällen Diagnosen erstellen zu können.
- **Personalfreisetzung:** Behandelt den Prozess der Trennung von überzähligen oder in ihrer Leistung unzureichenden Mitarbeitern.

1.5 Rechtliche Rahmenbedingungen der Personalarbeit

Die Personalarbeit ist in vielerlei Hinsicht rechtlichen Regulierungen unterworfen. Dies hat seine Berechtigung unter anderem darin, dass der einzelne Arbeitnehmer gegenüber einem Arbeitgeber, von dem er wirtschaftlich abhängig ist, geschützt werden soll.

Unterschieden werden in der Systematik des Arbeitsrechts:
- **Individualarbeitsrecht:** Es umfasst alle Gesetze und Vorschriften, die bei individuellen Vertragsgestaltungen zwischen Arbeitgeber und Arbeitnehmer zu beachten sind.

> Auf Ebene des **Individualarbeitsrechts** liegt zum Beispiel die **Gestaltung des Arbeitsvertrages**. Trotz grundsätzlicher Vertragsfreiheit regelt das BGB, dass der Arbeitnehmer bei den Kündigungsfristen im Arbeitsvertrag nicht schlechter gestellt werden darf als der Arbeitgeber.

- **Kollektivarbeitsrecht:** Das kollektive Arbeitsrecht reguliert die Rechtsbeziehungen für eine ganze Gruppe von Arbeitnehmern, z. B. für die von Tarifverträgen betroffenen Arbeitnehmer.

Eine besondere Rolle bei der Personalarbeit spielt die betriebliche Mitbestimmung, die im Betriebsverfassungsgesetz (BetrVG) geregelt ist. Die Detaildarstellungen der folgenden Kapitel gehen an den entsprechenden Stellen auf die rechtlichen Regelungen des BetrVG ein.

1.6 Kontrollfragen

K 1-01   Beschreiben Sie drei der zahlreichen Herausforderungen, vor denen das Personalmanagement heute steht.

K 1-02   Beschreiben Sie die historische Veränderung von der Personaladministration bis zum modernen Personalmanagement. Orientieren Sie sich an Zeitabschnitten von jeweils ca. einem Jahrzehnt.

K 1-02   Benennen und erläutern Sie die vier Rollen im klassischen HR-Business-Partner-Modell von Dave Ulrich.

Personalbedarfsplanung 2

Die Personalbedarfsplanung trifft Aussagen über den zu einem späteren Zeitpunkt, dem sog. Planungshorizont, benötigten Personalbedarf und stellt diesem den prognostizierten Personalbestand gegenüber. Aus Abweichungen zwischen beiden Größen werden weitere Maßnahmen abgeleitet.

Das Personalmanagement ist bestrebt, den „Produktionsfaktor" Personal exakt zu planen, denn die Personalbedarfsplanung ist aus den folgenden Gründen für die Unternehmen wesentlich:

- Personal lässt sich nicht beliebig „einkaufen": Motivierte und passend qualifizierte Beschäftigte zu finden ist vor den im ersten Kapitel genannten Herausforderungen oftmals schwierig und braucht Zeit. Die Planung hilft, rechtzeitig mit der Personalsuche beginnen zu können.
- Stehen nicht ausreichend Mitarbeiter für die anfallenden Arbeitsaufgaben zur Verfügung, bleiben Kundenaufträge liegen und neue Aufträge können eventuell nicht angenommen werden. Die „richtige" Anzahl von in der Zukunft benötigten Mitarbeitern zu kennen hilft, die Leistungsfähigkeit des Unternehmens zu erhalten.
- In Dienstleistungsunternehmen sind die Personalkosten üblicherweise der größte Kostenblock. Sie können durchaus 80 Prozent der Gesamtkosten ausmachen. Personalbedarfsplanung ist somit eine Determinante der Finanzplanung des Unternehmens.

In diesem Kapitel wird das Verfahren der Personalbedarfsplanung erläutert und es werden die Schritte zu seiner Durchführung vorgestellt.

Lernziele

Die folgenden Ziele können Sie mit dem Textstudium dieses Kapitels erreichen:

- Sie wissen um die Bedeutung der Personalbedarfsplanung und können diese argumentativ vertreten.
- Sie kennen das Grundmodell der Personalbedarfsplanung.
- Sie können die Schritte der Personalbedarfsplanung benennen und inhaltlich detailliert erläutern.

2.1 Aufgaben und Ziele der Personalbedarfsplanung

Aufgabe der **Personalbedarfsplanung** ist, für jeden Planungszeitpunkt nach Qualifikationen differenziert den Personalbedarf zu prognostizieren und diesem den für diesen Zeitpunkt geschätzten vorhandenen Personalbestand gegenüberzustellen. Aus einer eventuellen Abweichung zwischen Personalbedarf und Personalbestand werden Maßnahmen abgeleitet.

> Mit **Personalbedarf** wird die zu einem bestimmten Zeitpunkt benötigte Anzahl an Vollzeitkräften bezeichnet. In einer exakten Bezeichnung spricht man bei dieser Größe synonym auch vom sog. **Bruttopersonalbedarf**.
>
> Der **Personalbestand** gibt die zu einem bestimmten Zeitpunkt bestehende Anzahl an Vollzeitkräften wieder.

Ziel der **Personalbedarfsplanung** ist, die Prognosen über zukünftige Personalbedarfe und die zu diesen Zeitpunkten zu erwartenden Personalbestände methodisch sicher und in den Aussagen treffgenau durchzuführen.

Die **Güte der Planungsergebnisse** hängt nach Bühner hauptsächlich von zwei Faktoren ab:[17]

- Anforderungsart und Quantifizierbarkeit: Je strukturierter und repetitiver die in der Planung erfassten Tätigkeiten sind, desto besser kann ihr Personalbedarf abgeschätzt werden.
- Planungshorizont: Langfristige Betrachtungen unterliegen in der Prognose einer Multiplikation der Prognosefehler. Damit werden komplexe Planungen umso fehleranfälliger, je weiter sie in die Zukunft reichen.

Existiert im Betrieb ein Betriebsrat, so ist dieser gem. §92 Abs. 1 BetrVG „über die **Personalplanung**, insbesondere über den gegenwärtigen und künftigen **Personalbedarf** sowie über die sich daraus ergebenden personellen Maßnahmen […] anhand von Unterlagen rechtzeitig und umfassend zu unterrichten".

---

[17] Vgl. Bühner, Personalmanagement, 2005, S. 57.

Damit soll den Arbeitnehmervertretern eine frühzeitige Meinungsbildung zu den Personalplanungsvorgängen ermöglicht werden. Dies ist insofern wichtig, als bei einer fehlerhaften Personalbedarfsplanung eventuell zunächst Mitarbeiter eingestellt und später – mit negativen sozialen Folgen für die Betroffenen – wieder entlassen werden.

> **Informationsrecht des Betriebsrats**
>
> In § 92 Abs. 1 BetrVG heißt es: „**umfassend** zu unterrichten": Folgende Unterlagen sind dafür schriftlich dem Betriebsrat zur Verfügung zu stellen:[18]
> - Aufgestellte Personalplanungswerke sowie die dazugehörige Personalkostenplanung,
> - Stellenbeschreibungen, Stellenpläne und Anforderungsprofile,
> - Arbeitszeitvolumen und Einsatzzeiten der Mitarbeiter,
> - Unterlagen zu geplanten Rationalisierungsmaßnahmen (Änderungen an der Arbeitsorganisation, Umstellungen auf neue Maschinen oder veränderte Betriebsanlagen),
> - Einrichtung zusätzlicher Schichten oder Abbau von Schichten,
> - Personalprognosen (Aufstellungen zu Pensionierungen/Verrentungen, Erziehungsurlaube),
> - Analysen der Personalstruktur: Alter, Geschlecht, Jugend-, Schwerbehinderten- und Ausländeranteil sowie Aufstellungen über die Beschäftigungsgruppen und
> - sonstige Personalstatistiken: Krankenstand, Urlaub, Fluktuation.

2.2 Grundmodell der Personalbedarfsplanung

Die Betrachtung von Personalbedarf und Personalbestand kann für alle Mitarbeiter gemeinsam (rein quantitative Betrachtung) oder nach Qualifikationen differenziert (qualitative Betrachtung) durchgeführt werden.

> Die **quantitative Personalbedarfsplanung** betrachtet den Personalbedarf rein zahlenmäßig. Die **qualitative Personalbedarfsplanung** bezieht Qualifikationsmerkmale mit ein.

Die gleichzeitige Betrachtung von quantitativer und qualitativer Personalbedarfsplanung ist ein komplexes Unterfangen. Zur **Komplexitätsreduktion** geht man so vor, dass **zunächst nach Qualifikation differenzierte Mitarbeitergruppen** gebildet werden und für diese dann jeweils eine **individuelle quantitative Personalbedarfsplanung** durchgeführt wird.

---
[18] Vgl. Bontrup, Sicherheit und Kontinuität durch Bedarfsplanung, 2001, S. 17 f.

Es ergibt sich das in der folgenden Abbildung dargestellte **Grundmodell der Personalbedarfsplanung**. Die einzelnen Schritte des Modells werden in den folgenden Abschnitten detailliert erläutert.

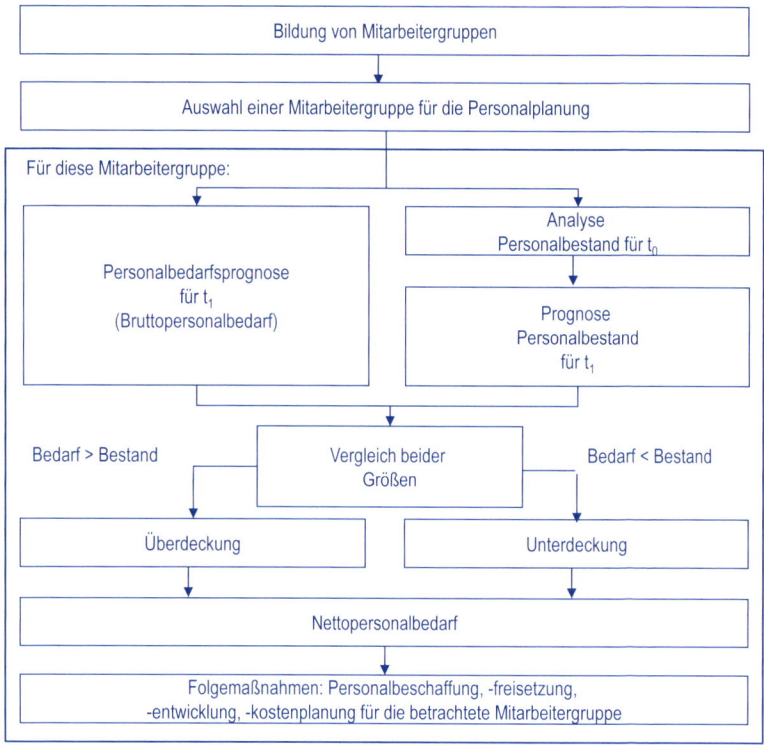

Abbildung 3: Vorgehen zur Personalbedarfsprognose

2.3 Mitarbeitergruppen bilden

Die Durchführung der Personalbedarfsplanung für klar abgegrenzte Mitarbeitergruppen reduziert die Komplexität des Planungsvorhabens. Abgrenzungskriterien sind qualitativ festzulegen, also z.B. indem man Mitarbeiter mit gleicher Qualifikation oder auf gleicher Hierarchiestufe zu einer Gruppe zusammenfasst.

Die **Anzahl** der gebildeten Mitarbeitergruppen ist je nach Unternehmen individuell zu bestimmen. Ihre Zahl richtet sich einzig nach dem Planungsanliegen.

Für die Bildung der Mitarbeitergruppen gibt es keine „goldenen Regeln". Gruppen sollten

- intern möglichst homogen,
- extern möglichst heterogen und
- planungsrelevant sein.

Interne Homogenität meint, dass die Gruppenmitglieder sich hinsichtlich ihrer Merkmale stark ähneln. Eine Gruppe Facharbeiter aus der Produktionsabteilung eines bestimmten Standortes erfüllt zum Beispiel diese Bedingung. Die Gruppe der „kaufmännischen Auszubildenden" ist ein anderes Beispiel.

Externe Heterogenität liegt vor, wenn die Gruppe sich gut von anderen Gruppen unterscheidet. Dies gewährleistet zum einen, dass die Mitarbeiter gut einer bestimmten Gruppe zugeordnet werden können. Zum anderen kann die Gruppe später für die aus der Planung abgeleiteten Folgemaßnahmen leicht selektiert werden. Die Facharbeitergruppe von oben ist zum Beispiel sehr heterogen gegenüber einer Gruppe von Controllern im Stammhaus des Unternehmens.

Planungsrelevant ist eine Gruppe, wenn sie eine besondere wirtschaftliche Bedeutung hat (z. B. wegen der verursachten Personalkosten), eine besondere strategische Bedeutung aufweist (z. B. Neuausrichtung des Unternehmens) oder eine besondere Knappheitssituation widerspiegelt (z. B. schwer auf dem externen Arbeitsmarkt beschaffbar ist).

2.4 Prognose des Bruttopersonalbedarfs

Mit der **(Brutto-)Personalbedarfsprognose** wird ermittelt, wie viele Vollzeitkräfte die untersuchte Mitarbeitergruppe zum Planungshorizont umfasst.

Als **Planungshorizont** wird ein zukünftiger Zeitpunkt „t_1" bezeichnet, für den die Aussagen zum Personalbedarf (und später auch zum Personalbestand) gelten sollen.

Der Zusatz „**Brutto**" gibt bei der Personalbedarfsprognose an, dass es sich hier um die absolute Zahl der Vollzeitkräfte handelt, die benötigt werden. Die zum Planungshorizont vorhandene Anzahl an Vollzeitkräften wird also explizit nicht berücksichtigt.

Abbildung 4: Prognose des Bruttopersonalbedarfs

In der Literatur werden zahlreiche Verfahren zur Bruttopersonalbedarfsprognose genannt.[19]

2.4.1 Schätzungen

Schätzungen sind die einfachsten Prognoseverfahren für den Personalbedarf: Personalverantwortliche sowie weitere Experten werden zu den zukünftig in t_1 benötigten Personalzahlen befragt. Schätzungen können mit oder ohne Vergangenheitsbezug vorgenommen werden:

Bei der **Schätzung mit Vergangenheitsbezug** basieren die Antworten auf den Erfahrungen aus der Vergangenheit und deren gedankliche Prognose in die Zukunft.

Schätzungen ohne Vergangenheitsbezug werden z.B. bei der Personalbedarfsplanung für ein Start-up, bei neuen Produktionshallen und -verfahren erforderlich sein. Grundlage der Schätzung ist dann das Expertenwissen der Befragten.

2.4.2 Kennzahlen

Die Kennzahlenmethode unterstellt einen direkten Zusammenhang zwischen dem Personalbedarf und einer messbaren internen oder externen Kennzahl. Sobald es Vorgaben für den Bereich und die Mitarbeitergruppe gibt, kann über die Kennzahlen auf den Personalbedarf geschlussfolgert werden.

---

[19] Siehe u.a. Bühner, Personalmanagement, 2005, S. 57–64.

2.4 Prognose des Bruttopersonalbedarfs

Leistungsbezogene Kennzahlen orientieren sich am geplanten Ergebnis der Stellen. Es sind interne Kennzahlen, die produktivitätsorientiert oder finanzorientiert angelegt sind. Zu ihnen gehören:

- **Produktivität je Mitarbeiter:** Die Kennzahl gibt an, welchen Output ein Mitarbeiter in einer bestimmten Zeit erstellt. Wenn ein Mitarbeiter z. B. 120 Einheiten in einer 8-Stunden-Schicht fertigt, hat er eine Produktivität von 15 Stück/Stunde.
- **Umsatz je Mitarbeiter:** Die Kennzahl bezieht sich meist auf den Jahresumsatz eines Mitarbeiters. Ein Handwerksunternehmen erzielt mit 8 Monteuren einen Jahresumsatz von 1 Mio. €. Der (Jahres-)Umsatz je Mitarbeiter beträgt 125.000 €.
- **Wertschöpfung je Mitarbeiter:** Die Wertschöpfung hat gegenüber dem Umsatz den Vorteil, dass sie weniger stark vom Unternehmenstyp, der Branche und dem Preisgefüge abhängig ist. Nachteilig ist, dass die Wertschöpfung schwerer einzelnen Mitarbeitergruppen zugerechnet werden kann.

Inputorientierte interne Kennzahlen setzen demgegenüber nicht bei den Ergebnissen, sondern den Voraussetzungen des betrieblichen Transformationsprozesses an:

- **Leitungsspanne** bzw. **Span of Control**: Diese Kennzahl wird aus Vergangenheitswerten ermittelt und gibt an, wie viele Mitarbeiter einer Führungskraft unterstellt sind. Bei einer gegebenen Mitarbeiterausstattung kann dann auf die benötigte Anzahl an Führungskräften rückgerechnet werden.[20] Bei einer Leitungsspanne von 1:20 ist beispielsweise je 20 Mitarbeiter eine Führungskraft vorzusehen. Hat der Bereich 140 Mitarbeiter, so kann für die Mitarbeitergruppe „Führungskräfte" auf 7 benötigte Stellen geschlossen werden.
- **Betreuungsschlüssel indirekter Bereiche:** Zentral- und Dienstleistungsabteilungen wie z. B. „HR – Human Resources" werden oft nach einem Betreuungsschlüssel bemessen, z. B. 1:300. Für je 300 Beschäftigte im Unternehmen ist eine operative Stelle in der Personalabteilung vorzusehen.

Inputorientierte Kennzahlen werden auch extern vorgegeben. In der Krankenpflege sind sog. **Pflegeschlüssel** gesetzlich vorgegeben, die bestimmen, wie viele Vollzeitkräfte für zu pflegende Patienten einzurichten sind.

---

[20] Vgl. Bühner, Personalmanagement, 2005, S. 61; vgl. Schulte, Personalcontrolling mit Kennzahlen, 2020, S. 34.

> Bei vollstationärer Aufnahme und Pflegegrad 1 (leichte Pflege) sieht das Bundesland Bayern seit Oktober 2017 einen Pflegeschlüssel von 1:6,70 vor.[21] Hat eine Pflegestation 40 Betten, sind gemäß Pflegeschlüssel 5,97 Vollzeitstellen vorzusehen. Da der Pflegeschlüssel für eine Wochenarbeitszeit von 38,5 Stunden gilt, muss bei längeren Betriebszeiten der Station umgerechnet und die Anzahl der Vollzeitstellen entsprechend erhöht werden.

2.4.3 Personalbemessung

Die Formel zur Personalbemessung ist ein analytischer Ansatz, der auf *Rosenkranz* zurückgeht. Er eignet sich vor allem für Bereiche, in denen bestimmte Aufgaben wiederholt durchgeführt werden, z. B. die Produktion oder die Sachbearbeitung.

Das Verfahren basiert auf folgenden Gedanken:
- Auch komplexe Stellenprofile lassen sich in einfache Tätigkeiten zerlegen.
- Für die einmalige Ausführung einer Tätigkeit wird eine bestimme Zeit benötigt.
- Weiß man, wie oft eine Tätigkeit ausgeführt werden soll, ergibt sich der Zeitbedarf für diese Tätigkeit.
- Die Summe der Zeiten aller Tätigkeiten ergibt das Arbeitspensum der Stellenart, ausgedrückt als Zeitbedarf.
- Da jedem Mitarbeiter nur eine vertraglich bestimmte Zeit zur Verfügung steht, gibt das Arbeitspensum die dafür benötigte Zahl an Mitarbeitern mit diesem Stellenprofil vor.

Formal wird dieser Zusammenhang in der Formel zur Personalbemessung ausgedrückt:

$$PB = \frac{\sum_{i=1}^{n} M_i \cdot Z_i}{VAZ}$$

Mit: PB ... Personalbedarf
M_i ... Häufigkeit, mit der eine Tätigkeit i ausgeführt werden soll
Z_i ... Zeitbedarf für die einmalige Ausführung der Tätigkeit i
n ... Gesamtzahl der Tätigkeiten des Stellenprofils
VAZ ... Verfügbare Arbeitszeit je Mitarbeiter gem. Tarifvertrag

---
[21] Vgl. Wipp, Pflegekennzahlen Bayern [Online], 2019, S. 1.

Bei der Bestimmung des Bruttopersonalbedarfs ist zuletzt noch ein sog. **Reservebedarf** zu berücksichtigen, damit die geschätzten Mitarbeiterzahlen eine vollständige Anwesenheit aller Planstellen implizieren. Neben Erholungsurlaub führen in der Praxis Krankheit, Fortbildungsmaßnahmen sowie Mutterschutz/Elternzeit zu einer Präsenz der Mitarbeiter, die unter 100 % liegt.

Daher ist der Bruttopersonalbedarf prozentual um einen **Reservebedarf** zu erhöhen, der diesem Effekt Rechnung trägt.

2.5 Analyse und Prognose des Personalbestands

Die **Analyse und Prognose des Personalbestands** umfasst die Erhebung des aktuellen Ist-Personalbestands, ggf. differenziert nach verschiedenen Kriterien (Alter, Geschlecht etc.) und die Fortschreibung des „Ist" bis zum Planungshorizont. Dazu werden sichere sowie planbare und statistisch erwartbare Abgänge und Zugänge zum Personalbestand berücksichtigt.

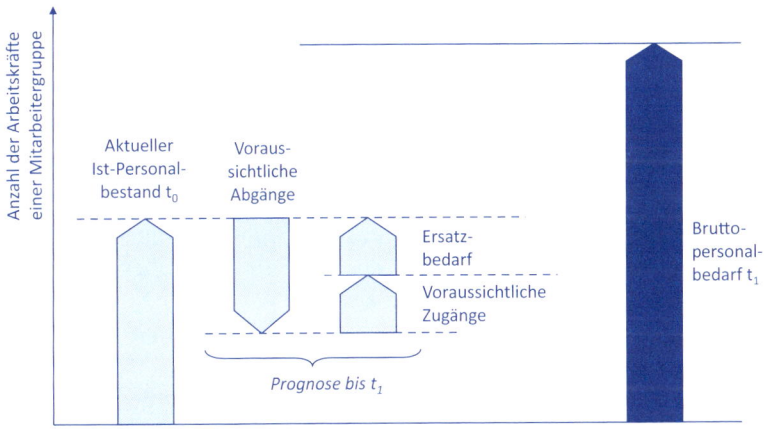

Abbildung 5: Prognose des Personalbestands zum Planungshorizont

Für ein Gelingen der Personalbestandanalyse muss zu Beginn unter den Beteiligten geklärt werden, ob die Erfassung in **Kopfzahlen** (engl. **Head-Count**) oder als **Vollzeitstellen** (engl. **FTE ~ Full Time Equivalent**) erfolgt.[22] Bei Kopfzahlen werden Mitarbeiter unabhängig vom Arbeitszeitmodell (z. B. Teilzeit) erfasst, bei der Berechnung von Vollzeitstellen müssen Teilzeitmitarbeiter auf eine definierte FTE-Ausgangsgröße (z. B. tarifvertragliche Arbeitszeit, 38,5 Std./Woche) umgerechnet werden.

---

[22] Vgl. Schulte, Personalcontrolling mit Kennzahlen, 2020, S. 32.

2.5.1 Analyse Ist-Personalbestand

Für die betrachtete Mitarbeitergruppe wird der aktuelle Personalbestand gemäß der vorab festgelegten Zählweise ermittelt. Die absolute Anzahl ist um qualitative Kriterien zu ergänzen. Dazu gehören:

- **Altersverteilung** der Mitarbeitergruppe: Dies ist eine wichtige Information für die Prognose des Personalbestands, da ihr entnommen wird, wie viele Mitarbeiter im Planungszeitraum altersbedingt ausscheiden werden.
- **Arbeitszeitmodelle**: Die Information, wie viele Mitarbeiter in Vollzeit bzw. Teilzeit arbeiten, wird nach der Bestimmung des Nettopersonalbedarfs genutzt, um den ermittelten Bedarf in die Folgemaßnahmen z. B. der Personalbeschaffung zu überführen.

Nicht einsetzbare Mitarbeiter werden nicht gezählt.[23] Zu den nicht einsetzbaren Mitarbeitern gehören solche, die z. B. aufgrund von längerer Krankheit oder anderen Ausfallgründen zwar formal weiterhin zum Personal gehören, mit deren Anwesenheit am Arbeitsplatz aber nicht gerechnet wird.

2.5.2 Prognose des Personalbestands

Ausgehend von dem Ist-Personalbestand in t_0 wird dessen Entwicklung bis zum Planungshorizont t_1 prognostiziert. Ziel ist eine Aussage dazu, wie hoch der Personalbestand am Planungshorizont sein wird.

Dazu werden vom aktuellen Personalbestand in t_0 zunächst die voraussichtlichen Abgänge subtrahiert und dann die voraussichtlichen Zugänge addiert. Ergibt sich eine Lücke bis zum aktuellen Personalbestand, signalisiert dies den sog. **Ersatzbedarf**.

Abgänge vermindern dauerhaft oder auch nur zeitweilig den Personalbestand. Zu den Abgängen gehören beispielsweise Mitarbeiter, die altersbedingt das Unternehmen verlassen, arbeitnehmer- und arbeitgeberseitige Kündigungen, Freistellungen für Ausbildungen, Versetzungen in andere Abteilungen usw.

Zugänge erhöhen dauerhaft oder auch nur zeitweilig den Personalbestand. Beispielhaft werden folgende Ereignisse zu den Zugängen gerechnet: Bereits vertraglich fixierte Einstellungen, Übernahmen aus Ausbildungsverhältnissen, Rückkehr aus Mutterschutz/Elternzeit, Versetzungen in den betrachteten Planungsbereich usw.

Die meisten Veränderungen sind entweder vorhersehbar oder aber zumindest statistisch erfassbar. Altersbedingtes Ausscheiden ist relativ genau vorhersehbar. Personalabteilungen kennen üblicherweise

---

[23] Vgl. Schulte, Personalcontrolling mit Kennzahlen, 2020, S. 32.

2.5 Analyse und Prognose des Personalbestands

auch den Prozentsatz der Arbeitnehmer, die während eines Jahres freiwillig die Kündigung einreichen (sog. Fluktuation). In Großunternehmen existieren auch Schätzgrößen für individuelle Schicksale (Invalidität, Tod).

Bei der Systematisierung der genannten Einflussfaktoren hat sich die Betrachtung des Personalflusses mit der sog. **Abgangs-Zugangs-Tabelle** bewährt. Ihre Verwendung im Rahmen der Prognose stellt sicher, dass relevante Einflussgrößen nicht unbeachtet bleiben.

Abgangs-Zugangstabelle		Abteilung					
		Gruppe					
		Jahr 2021		Jahr 2022		Jahr 2023	
Zeile		ges.	%	ges.	%	ges.	%
01	**Bestand zu Periodenbeginn**						
	abzgl. Abgänge:						
02	Altersbedingtes Ausscheiden						
03	Teilnahme an einem Freiwilligendienst						
04	Beförderung innerhalb der Abteilung						
05	Versetzung in eine andere Abteilung						
06	Ausbildung, Fortbildung, Studium						
07	Entlassungen						
08	Tod						
09	Arbeitnehmerkündigung						
10	Mutterschutz, Elternzeit						
11	Sabbatical						
12	Summe Sonstige Abgänge						
	zzgl. Zugänge						
12	Rückkehr aus vom Freiwilligendienst						
13	Beförderung innerhalb der Abteilung						
14	Versetzung in die Abteilung						
15	Rückkehr aus Ausbildung, Fortbildung, Studium						
16	Übernahme aus Ausbildungsverhältnis						
17	Rückkehr aus Mutterschutz bzw. Elternzeit						
18	Rückkehr aus Sabbatical						
19	Sonstige Zugänge (Einstellungen)						
20	**= Personalbestand am Periodenende**						

Tabelle 1: Abgangs-Zugangs-Tabelle

2.6 Ermittlung des Nettopersonalbedarfs

Aus den prognostizierten Größen Personalbedarf sowie Personalbestand im Zeitpunkt t_1 wird nun in einem letzten Schritt der **Nettopersonalbedarf** ermittelt.

> Der **Nettopersonalbedarf** im Planungshorizont ergibt sich durch Subtraktion des für diesen Zeitpunkt prognostizierten Personalbestands vom Bruttopersonalbedarf.

Die Berechnung des Nettopersonalbedarfs zeigt das untenstehende Schema:

	Bruttopersonalbedarf in t_1
−	Personalbestand in t_0
+	Voraussichtliche Abgänge zwischen t_0 und t_1
−	Voraussichtliche Zugänge zwischen t_0 und t_1
=	Nettopersonalbedarf in t_1

Die folgende Abbildung verdeutlicht die Zusammenhänge zwischen den bislang betrachteten Größen.

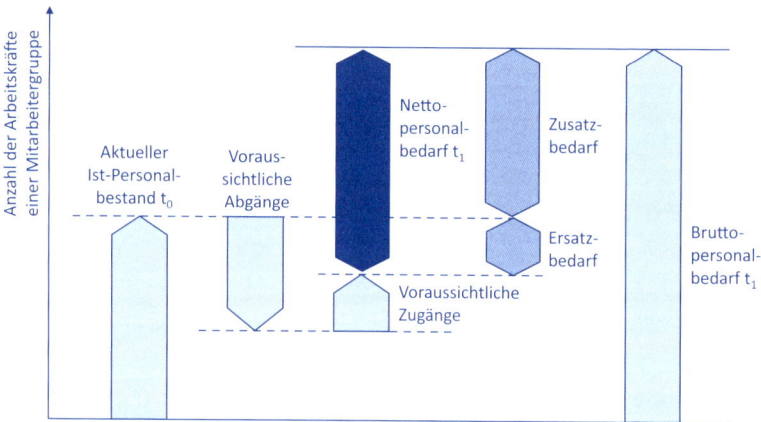

Abbildung 6: Ermittlung des Nettopersonalbedarfs

Der **Nettopersonalbedarf** kann noch in den **Ersatz- und Zusatzbedarf** differenziert werden. Dazu wird vom Nettopersonalbedarf der Ersatzbedarf subtrahiert. Dieser wurde bei der Prognose des Personalbestandes ermittelt. Als Ergebnis erhält man den Zusatzbedarf, der z. B. als Gradmesser des prognostizierten Beschäftigungswachstums gesehen werden kann.

Der Nettopersonalbedarf wird in den meisten Fällen von null verschieden sein.

Ist der **Nettopersonalbedarf negativ** (Bedarf in t_1 < Bestand t_1), zeigt dies eine **Personalüberdeckung** an. Synonym spricht man auch von einem Personalüberhang. Als Folgemaßnahme ist mit den sanften bzw. harten Maßnahmen der Personalfreisetzung der Abbau des Personalüberhangs zu planen und umzusetzen.

Ist der **Nettopersonalbedarf positiv** (Bedarf in t_1 > Bestand t_1), liegt eine **Personalunterdeckung** vor. Diese Situation begründet einen Personalbeschaffungsbedarf, der mit den Mitteln der Personalbeschaffung planerisch auszuwerten und dann in Maßnahmen umzusetzen ist.

Da der Planungshorizont in der Zukunft liegt, sind alle Prognosen mit Unsicherheit behaftet. Diese wird umso größer, je weiter der Planungshorizont entfernt ist und je größer die strategischen, konjunkturellen und technologischen Änderungen sind, die bis dahin anstehen. Man behilft sich daher mit der **Zeitstabilitätshypothese**: Für die Planung wird unterstellt, dass sich die wesentlichen planungsrelevanten Größen in der (nahen) Zukunft so entwickeln, wie sie sich zuletzt entwickelt haben. Dennoch muss dem ausführenden Personalplaner stets bewusst sein, dass unvorhergesehene Ereignisse, die auch als **Diskontinuitäten** bezeichnet werden, deutliche Einflüsse auf die Planungsgrundlagen haben und das Planungsergebnis obsolet werden lassen können.

2.7 Kontrollfragen

K 2-01 Stellen Sie ausführlich das Grundmodell der Personalbedarfsermittlung dar. Sofern Sie eine Skizze anfertigen, erläutern Sie die Beschriftungen auch textlich.

K 2-02 Was versteht man unter der „Span of Control" und wozu wird sie genutzt?

K 2-03 Nennen und erläutern Sie die Formel der Personalbemessung nach Rosenkranz.

K 2-04 Definieren Sie den Nettopersonalbedarf, stellen Sie seine Ermittlung zeichnerisch sowie als Berechnung dar.

Ü 2-01 Ein Handwerksbetrieb erzielt mit 20 vollzeitbeschäftigten Monteuren im Moment (t_0) einen Jahresumsatz von 1,875 Mio. €. In drei Jahren (t_3) will der Geschäftsführer mit den Monteuren einen Umsatz von 2,5 Mio. € erwirtschaften. Er geht bis dahin von einer jährlichen Umsatzsteigerung seiner Mitarbeiter von 4 % aus.

a) Wie groß ist der Bruttopersonalbedarf für Monteure in drei Jahren?

b) Die Leitungsspanne liegt im Bereich der Monteure bei 1:3. Wie viele Meister werden planmäßig bei Erreichen der 2,5 Mio. € Umsatz benötigt?

Ü 2-02 Sonja Berger leitet ein Raumausstatter-Gewerbe. Das größte Hotel der Stadt richtet sich neu ein und benötigt innerhalb eines Monats 800 identische, aufwendig zu fertigende Deko-Kissenhüllen aus einem Stoff, der das Corporate Design des Hotels repräsentiert.

Pro Kissenhülle benötigt eine Näherin 30 Min. inkl. Reißverschluss und einer sog. Paspel. Für Nebenarbeiten wird eine Verteilzeit von 3 Min. je Kissen eingeplant. Die Näherinnen bei Frau Berger arbeiten durchschnittlich 37 Stunden je Woche. Im kommenden Monat sind die 5 Näherinnen des Gewerbes aktuell zu 60 % ausgelastet.

Wie viele zusätzliche Stellen muss Frau Berger durch Überstunden oder Neueinstellung bereitstellen, will sie den Auftrag termingerecht ausführen? Planen Sie u. a. mit der einfachen Rosenkranz-Formel der Personalbemessung.

Personalbeschaffung/ Recruiting 3

Die Personalbeschaffung versucht trotz der genannten Herausforderungen, aktuell und zukünftig die Versorgung des Unternehmens mit geeigneten Bewerbern zu sichern. Ein Baustein der Personalgewinnung ist das Personalmarketing mit seinen Teildisziplinen, die allesamt dazu dienen, das Unternehmen als vorziehenswürdigen Arbeitgeber am externen, aber auch am internen Arbeitsmarkt zu positionieren.

Lernziele

Die folgenden Ziele können Sie mit dem Textstudium dieses Kapitels erreichen:
- Sie kennen die verschiedenen Personalbeschaffungswege und deren jeweilige Untergliederung.
- Sie können die Vor-/Nachteile der Beschaffungswege vergleichend benennen.
- Sie können den Ansatz der „Candidate Journey" erklären und typische Touchpoints zwischen Unternehmen und Kandidaten bzw. Bewerbern nennen.
- Die Methoden des aktiven sowie passiven Recruitings sind Ihnen bekannt.

3.1 Aufgaben und Ziele der Personalbeschaffung

Die Personalbeschaffung übernimmt eine wichtige Funktion in der Versorgung des Unternehmens mit Personal.

> Die **Personalbeschaffung** ist eine Teilfunktion des Personalmanagements. Ihre Aufgabe ist, für vakante Stellen ein derartiges Bewerberaufkommen zu generieren, dass eine Personalauswahl durchgeführt werden kann. Dazu entwickelt die Personalbeschaffung Strategien zur Ansprache von Personen innerhalb und außerhalb des Unternehmens und setzt diese mit operativen Maßnahmen um.

Dabei sind zwei Faktoren kritisch: Der **Zeitfaktor** und die **Qualität** des Bewerberaufkommens:

- Die Personalbeschaffung arbeitet üblicherweise unter Zeitdruck. Mit jeder offenen, unbesetzten Stelle geht Wertschöpfung verloren. Zum Beispiel ist denkbar, dass ein Unternehmen einen Kundenauftrag nicht annehmen kann, weil derzeit keine Personalkapazitäten für dessen Bearbeitung vorhanden sind.
- Die Qualität der Bewerber ist eine notwendige Bedingung für den Erfolg der Personalbeschaffung. Es geht nicht darum, dass möglichst viele Bewerbungen für eine vakante Stelle vorliegen, sondern dass sich mindestens eine geeignete Bewerbung darunter befindet.

Ziel der Personalbeschaffung ist damit, der Personalauswahl die richtigen Kandidaten und Bewerber zum richtigen Zeitpunkt zuführen zu können.

> Der Unterschied zwischen einem Kandidaten und einem Bewerber ist nach *Ullah/Ullah* folgendermaßen definiert:[24]
> - Ein **Kandidat** ist eine Person, die direkt durch das Unternehmen oder einen Personalberater auf eine bestimmte Position angesprochen wurde. Die Initiative zur Bewerbung geht vom Unternehmen aus.
> - Ein **Bewerber** ist eine Person, die sich aktiv auf eine Vakanz oder initiativ im Unternehmen bewirbt. Die Initiative zur Bewerbung geht vom Bewerber aus.

In der Praxis wird die Personalbeschaffung oftmals inhaltlich erweitert, indem die Personalauswahl noch zu ihr dazugezählt wird. Im vorliegenden Buch wird aus methodischen Gründen zwischen der Personalbeschaffung und -auswahl getrennt.

3.2 Basis des Recruitings: Personalmarketing und Arbeitgeberattraktivität

Fachkräftemangel, demografischer Wandel und „War for Talents" haben etwas geschaffen, das im Marketing als „Käufermarkt" bezeichnet wird.[25] Dies ist eine Situation, in der – übertragen auf den Bereich Human Resources – nicht mehr der Bewerber froh sein kann, dass er eingeladen wird, sondern sich das Unternehmen angesichts der Konkurrenz anderer Arbeits- und Karrieremöglichkeiten über jede Bewerbung freuen muss.

Angesichts dieser Herausforderungen hat das Personalmanagement mit einer eigenen Strategie reagiert und das **Personalmarketing** ent-

---

[24] Vgl. Ullah/Ullah, Erfolgsfaktor Candidate Experience, 2015, S. 45.
[25] Vgl. Becker, Marketing-Konzeption, 2019, S. 1–2.

wickelt: Personalmarketing begreift den zu besetzenden Arbeitsplatz als Produkt, das es am Markt der Arbeitskräfte zu verkaufen gilt.[26] Aufgabe des Personalmarketings ist, die aus dem Marketing bekannten Modelle und Instrumente für den Personalbereich zu adaptieren und begleitend zur Personalbeschaffung sowie eigenständig derart einzusetzen, dass das Unternehmen als **attraktiver, vorziehenswürdiger Arbeitgeber** wahrgenommen wird: als Unternehmen, bei dem man gerne arbeiten möchte.

Dabei wirkt das Personalmarketing **nach außen** auf den externen und **nach innen** auf den internen Arbeitsmarkt. Nach außen unterstützt es die Positionierung als attraktiver Arbeitgeber, nach innen die Selbstverpflichtung der Arbeitnehmer dem Unternehmen gegenüber.[27] Personalmarketing dient damit auch der Mitarbeiterbindung.

Wesentlich in diesem Kontext ist der Begriff der **Arbeitgebermarke**, auch mit dem englischen Ausdruck **Employer Brand** bezeichnet.

Die Arbeitgebermarke baut sich um ein Werteversprechen herum auf, das als **Employee Value Proposition** (EVP) ein Differenzierungsmerkmal zu anderen Unternehmen schafft. Die Employee Value Proposition besteht aus materiellen und hauptsächlich immateriellen Anreizen, die potenzielle und bestehende Mitarbeiter überzeugen, sich dem Unternehmen anzuschließen oder bei ihm zu verbleiben.[28]

Unternehmen sollten stets auf Rückmeldungen durch Kandidaten, Bewerber und Mitarbeiter achten, um auf Veränderungen der Arbeitgeberattraktivität frühzeitig reagieren zu können.

3.3 Alternative Personalbeschaffungswege

Personalbeschaffung kann verschiedene **Beschaffungswege** nutzen. Diese werden danach bezeichnet, woher die Kandidaten und Bewerber stammen: So werden auf erster Ebene die **interne** sowie die **externe Personalbeschaffung** unterschieden. Diese beiden grundlegenden Alternativen der Beschaffungswege werden dann auf einer zweiten Ebene jeweils weiter differenziert.

---

[26] Vgl. Bühner, Personalmanagement, 2005, S. 36; zur historischen Entwicklung des Personalmarketings siehe DGFP e.V. (Hrsg.), Erfolgsorientiertes Personalmarketing in der Praxis, 2006, 21–24.
[27] Vgl. DGFP e.V. (Hrsg.), Erfolgsorientiertes Personalmarketing in der Praxis, 2006, S. 14.
[28] Vgl. Armstrong, Handbook of HRM Practice, 2017, S. 232 f.

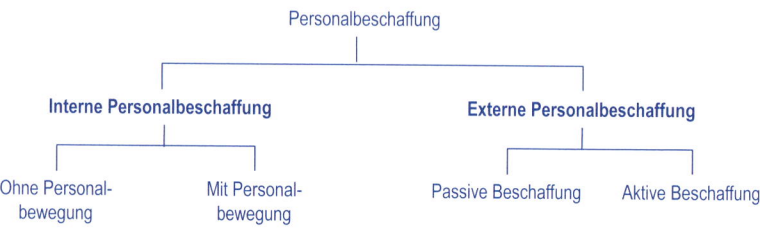

Abbildung 7: Personalbeschaffungswege[29]

> Die **interne Personalbeschaffung** versucht, eine vakante Stelle aus dem bestehenden Mitarbeiterpool heraus zu besetzen. Sie wendet sich damit an den sog. internen Arbeitsmarkt des Unternehmens.
> Die **externe Personalbeschaffung** wendet sich an den Arbeitsmarkt außerhalb des Unternehmens und versucht, den Personalbedarf quantitativ und qualitativ passend zu bedienen.

Bevor man sich für einen der beiden Wege entscheidet, ist zu prüfen, ob dieser überhaupt bzw. zum jetzigen Zeitpunkt infrage kommt.
Die **interne Personalbeschaffung** sollte erwogen werden, wenn die folgenden **Voraussetzungen** zumindest teilweise gegeben sind:[30]

- Das Unternehmen verfügt über Mitarbeiter, deren Qualifikation den Anforderungen der zu besetzenden Stelle entspricht.
- Für die zu besetzende Stelle sind umfassende Kenntnisse des Unternehmens, der Kunden, der Produkte oder der Verfahren und Prozesse erforderlich, die sich ein externer Bewerber erst nach geraumer Zeit aneignen könnte.
- Die vakante Stelle hat eine hohe strategische Bedeutung für das Unternehmen und soll mit einer Vertrauensperson besetzt werden, die dem Unternehmen bekannt ist.
- Das aktuelle Angebot auf dem Arbeitsmarkt verspricht keine externen Bewerber, die besser qualifiziert wären als interne Bewerber.
- Die von dem versetzten Mitarbeiter zuvor besetzte Stelle muss nicht neu besetzt werden, sodass die interne Versetzung keinen neuen Recruiting-Prozess nach sich zieht.
- Die von dem versetzten Mitarbeiter zuvor besetzte Stelle muss zwar neu besetzt werden, der Nutzen der internen Versetzung rechtfertigt jedoch den Aufwand.

Die **externe Personalbeschaffung** wird tendenziell als Beschaffungsweg gewählt, je stärker die genannten Voraussetzungen nicht erfüllt sind.

---

[29] Abbildung nach Bühner, Personalmanagement, 2005, S. 69 sowie Jung, Personalwirtschaft, 2011, S. 136.
[30] Vgl. Nicolai, Personalmanagement, 2018, S. 74 sowie S. 81.

3.3 Alternative Personalbeschaffungswege

Auch wenn das Unternehmen die externe Personalbeschaffung bevorzugt, kann in **mitbestimmten Unternehmen** eine **interne Stellenausschreibung erforderlich** sein: Nach **§ 93 BetrVG** kann der Betriebsrat verlangen, dass Arbeitsplätze, die besetzt werden sollen, allgemein oder für bestimmte Arten von Tätigkeiten vor ihrer Besetzung innerhalb des Betriebs ausgeschrieben werden. Kommt der Arbeitgeber dem nicht nach, kann der Betriebsrat in der Folge seine Zustimmung zur Einstellung eines externen Kandidaten verweigern, **§ 99 BetrVG**. Dieses Recht hat der Betriebsrat in Unternehmen mit in der Regel mehr als 20 wahlberechtigten Arbeitnehmern bei den sog. personellen Einzelmaßnahmen, zu denen auch die Einstellung gehört.

3.3.1 Interne Personalbeschaffung

Für die interne Personalbeschaffung sind zwei Varianten denkbar:
- ohne Personalbewegung und
- mit Personalbewegung.

Bei der internen Personalbeschaffung **ohne Personalbewegung** wird der Personalbedarf kurzfristig gedeckt, indem einzelne oder mehrere Mitarbeiter temporär mehr von ihrer Arbeitskraft zur Verfügung stellen. Zu den möglichen Maßnahmen zählen die Ausweitung der individuellen oder kollektiven Arbeitsdauer sowie die Urlaubssperren und die Verlegung von Abwesenheiten.

- Ausweitung der individuellen oder kollektiven Arbeitsdauer: Durch Überstunden oder Mehrarbeit[31] vorhandener Mitarbeiter steht mehr Arbeitszeit zur Verfügung und die vakante Stelle wird in ihrer Produktivität (teilweise) kompensiert. Der Betriebsrat hat bei der Verlängerung der Arbeitszeit ein echtes Mitbestimmungsrecht nach § 87 Abs. 1 Nr. 2 BetrVG: Ohne seine Zustimmung darf diese nicht angeordnet werden.
- Urlaubssperren und Verlegung von Abwesenheiten: Der Arbeitgeber kann mit Zustimmung des Betriebsrates Urlaubssperren verhängen (§ 87 Abs. 1 Nr. 5 BetrVG). Dadurch bleiben Mitarbeiter bei „dringender betrieblicher Erfordernis" für die Leistungserstellung kurzfristig verfügbar. Ebenso lassen sich Abwesenheiten (Schulungen, Geschäftsreisen etc.) verschieben.

Das Grundprinzip der internen Personalbeschaffung ohne Personalbewegung lautet somit: Die Kopfzahl des Personalstamms bleibt gleich und auch die Zuordnung von Mitarbeitern zu Stellen wird

---

[31] Zur Definition und Unterscheidung von Überstunden und Mehrarbeit siehe Kap. 5, Arbeitszeit und Entgelt.

nicht verändert, aber auf den einzelnen Stellen steht mehr Arbeitszeit für den Produktiveinsatz bereit.

Die interne Personalbeschaffung **mit Personalbewegung** deckt dagegen den Personalbedarf einer zu besetzenden Stelle, indem ein Mitarbeiter von einer anderen Stelle abgezogen und auf die vakante Position versetzt wird.

Als **Versetzung** definiert §95 Abs.3 BetrVG die Zuweisung eines anderen Arbeitsbereichs, die voraussichtlich die **Dauer von einem Monat überschreitet oder** die mit einer **erheblichen Änderung** der Arbeitsumstände verbunden ist. In Betrieben mit in der Regel mehr als 20 wahlberechtigten Arbeitnehmern ist die Versetzung eine vom Betriebsrat **zustimmungsbedürftige personelle Einzelmaßnahme** (§ 99 BetrVG).

Auf vakante Stellen wird intern über folgende Kanäle hingewiesen:

- Veröffentlichung im Intranet,
- Aushänge, z. B. am „schwarzen Brett",
- persönliche Ansprache potenzieller Kandidaten,
- bei Mitarbeitertreffen, auch im Rahmen von Team-Meetings.

Mit der Versetzung kann auch ein hierarchischer Aufstieg verbunden sein. Davon geht eine Motivationswirkung der Betroffenen, aber auch an die gesamte Belegschaft aus.

Weitere Vor- und Nachteile der internen Personalbeschaffung (sowohl ohne als auch mit Personalbewegung) zeigt die folgende Übersichtstabelle:

Vorteile	Nachteile
• Motivationswirkung auf Bewerber und den gesamten internen Arbeitsmarkt. • Kostengünstig und schnell zu initiieren. • Bewerber sind aus der bisherigen Zusammenarbeit bekannt. • Bewerber kennen das Unternehmen und wissen, „worauf sie sich einlassen". • Stellen für den Nachwuchs werden frei.	• Personalbedarf wird quantitativ nicht direkt gelöst: Nach Versetzung wird Ursprungsstelle frei. • Personalbedarf wird u. U. qualitativ nicht gelöst: Interner Arbeitsmarkt bietet keine passgenauen Bewerber für Anforderungen der Stelle. • Grundsätzlich geringere Auswahl als auf dem externen Arbeitsmarkt. • Betriebsblindheit der Bewerber. • Fortbildungskosten, um Mitarbeiter auf den Stand eines externen Bewerbers zu bringen.

Tabelle 2: Vor-/Nachteile der internen Personalbeschaffung

3.3.2 Externe Personalbeschaffung

Die externe Personalbeschaffung hat zum Ziel, den Personalbedarf direkt vom Arbeitsmarkt außerhalb des Unternehmens zu decken. Der Personalbedarf soll quantitativ (d.h. in der passenden Menge) und qualitativ (d.h. in der gewünschten Qualifikation) direkt gedeckt werden. Zwei Vorgehensweisen werden unterschieden:

- passive Beschaffung und
- aktive Beschaffung.

Die Unterscheidung zwischen beiden Vorgehensweisen wird danach getroffen, wie engagiert das Unternehmen bei der Personalbeschaffung agiert. Die genauen Methoden der passiven bzw. aktiven externen Personalbeschaffung werden im folgenden Unterkapitel erläutert.

Unabhängig von der Methode lassen sich die in der Übersichttabelle genannten Vor- und Nachteile bei dem externen Personalbeschaffungsweg identifizieren:

Vorteile	Nachteile
• Personalbedarf kann qualitativ und quantitativ direkt gelöst werden. • Grundsätzlich große Auswahl an Bewerbern. • Neue Impulse von außerhalb des Unternehmens. • Kaum Fortbildungskosten, da Bewerber nach den benötigten Qualifikationen passgenau ausgewählt werden können.	• Demotivierend für bestehende Mitarbeiter mit Aufstiegsambitionen. • Bewerber ist unbekannt und kennt das Unternehmen noch nicht. • Teuer und zeitintensiv.

Tabelle 3: Vor-/Nachteile der externen Personalbeschaffung

Die Vor- und Nachteile der externen Personalbeschaffung entsprechen weitgehend dem Spiegelbild der Vor- und Nachteile der internen Personalbeschaffung.

3.4 Passives und aktives Recruiting

Die Personalbeschaffung hat sich in den letzten Jahren deutlich weiterentwickelt. Während es früher vereinzelt noch denkbar war, nach der Veröffentlichung eines Stellenangebotes einfach abzuwarten, bis die Bewerbungen eintreffen (passives Vorgehen), wird heute von der

Unternehmensleitung erwartet, dass der Personalbereich aktiv auf die Besetzung freier Stellen hinarbeitet (aktives Vorgehen). Mit diesem Wandel hat sich auf der aus dem amerikanischen Sprachraum stammende Begriff des „**Recruitings**" als Synonym für Personalbeschaffung bzw. Personalrekrutierung etabliert.

3.4.1 Passive Methoden der Personalbeschaffung

Bei den **passiven Methoden** der Personalbeschaffung werden vom Unternehmen kaum Anwerbungsmaßnahmen unternommen. Das Unternehmen zeigt **keine Eigeninitiative** oder kommuniziert allenfalls das Stellenangebot und **wartet** dann auf eine eventuelle Bewerbung.

Zu den passiven Methoden werden gezählt:
- Initiativbewerbungen
- Nutzung eines Bewerberpools
- Datenbanken für Stellengesuche
- Klassische Stellenanzeigen

Passive Verfahren sind überlegenswert, wenn nur wenige Stellen zu besetzen sind, der Personalbedarf nicht dringend ist und der Arbeitsmarkt viele Stellensuchende aufweist.[32]

3.4.1.1 Initiativbewerbungen

Unter einer **Initiativbewerbung** wird ein **unaufgeforderter Bewerbungseingang** beim Unternehmen verstanden. Der Bewerber tritt mit dem Unternehmen in Kontakt, ohne dass es eine konkrete Stellenausschreibung gibt. Da das Unternehmen nicht tätig wird, gehören Initiativbewerbungen zu den passiven Methoden des Recruitings.

Naturgemäß wird es eher ein Zufall sein, dass eine nach außen unbekannte Vakanz und eine Initiativbewerbung hinsichtlich Anforderung des Unternehmens und Qualifikation des Bewerbers genau zusammenpassen.

3.4.1.2 Bewerberpool

Aus nicht berücksichtigten Initiativbewerbungen sowie weiteren, negativ beschriebenen Bewerbungsverfahren wird bei der passiven Methode „**Bewerberpool**" eine interne Sammlung möglicher Kandidaten für zukünftige Vakanzen angelegt. Im Bedarfsfall werden die (alten) Bewerbungen gesichtet und ein erneuter Kontakt zu den nunmehr als Kandidaten zu handhabenden Personen hergestellt.

---

[32] Vgl. Nicolai, Personalmanagement, 2018, S. 81.

3.4 Passives und aktives Recruiting

Die Nutzung eines Bewerberpools ist aus mehreren Gründen problematisch:

- Veränderte Situation der damaligen Bewerber: Beworben hat sich eine Person, die zum damaligen Zeitpunkt auf Stellensuche war. Es ist unwahrscheinlich, dass ein hochqualifizierter Bewerber auch Monate später noch auf Stellensuche ist.
- Rechtliche Aspekte: Bei Bewerbungen handelt es sich um personenbezogene Daten. Diese dürfen ohne Einverständnis des Betroffenen nicht gespeichert werden. Dass ein Bewerber seine Unterlagen in der Vergangenheit bereits einmal freiwillig dem Unternehmen gesendet hat, berechtigt nicht zur dauerhaften Speicherung dieser Daten.

3.4.1.3 Datenbanken für Stellengesuche

Die Nutzung von **Datenbanken für Stellengesuche** wird zu den passiven Methoden der Personalbeschaffung gezählt, da hier das Unternehmen nur den aktuellen Bestand an Stellengesuchen abfragen kann: Ist ein passender Kandidat in den Suchergebnissen zu finden, wird dieser kontaktiert. Gibt es keine passenden Treffer, wird zu einem späteren Zeitpunkt in der Hoffnung auf Neueinträge die Suchabfrage ein weiteres Mal ausgeführt.

Die Bundesagentur für Arbeit betreibt unter dem Namen JOBBÖRSE das größte nicht kommerzielle Online-Jobportal in Deutschland. Den Auftrag dazu erhält sie aus dem Dritten Sozialgesetzbuch „Arbeitsmarktförderung" (SGB III) sowie den politischen Vorgaben der Bundesregierung.

3.4.1.4 Klassische Stellenanzeigen

Als **klassische Stellenanzeige** wird ein Inserat in einer Tages-/Wochen- oder Fachzeitschrift bezeichnet. Sie gilt als passives Instrument, da nach erfolgter Veröffentlichung nur das Warten auf den Bewerbungseingang bleibt. Es gibt keine Controlling-Mechanismen als diesen, um den Erfolg oder auch nur die Reichweite eines Stellenangebotes zu prüfen.

Um dennoch die gewünschte Berufsgruppe erreichen zu können, orientiert man sich an den Mediadaten der Zeitschriften. Sie geben Auskunft über die durchschnittliche Leseranzahl je Ausgabe und die soziodemografischen Leserprofile.

Ein Stellenangebot enthält verschiedene Bestandteile:

- Die Stellen-/Berufsbezeichnung als Blickfang.
- Die Beschreibung des Unternehmens stellt den Arbeitgeber vor.
- Die Beschreibung der Stelle bezieht sich auf die vakante Position.

- Ein Block mit einer Aufzählung der gewünschten Fähigkeiten, Eigenschaften und Erfahrungen des/der „Bewerber/in (m/w/d)".

Die Beschreibungen und Aufgaben bilden den sog. Kleintext der Anzeige.

Beim Formulieren eines Stellenangebots ist strikt auf eine neutrale Formulierung zu achten, die nicht gegen das Allgemeine Gleichbehandlungsgesetz (AGG) verstößt.

§ 1 AGG nennt abschließend eine Reihe von möglichen Diskriminierungsmerkmalen: Rasse und ethnische Herkunft, Geschlecht, Religion oder Weltanschauung, Behinderung, Alter und sexuelle Identität. Diskriminierung darf an keiner Stelle der Anzeige vorkommen, also weder im Blickfang noch im Kleintext der Ausschreibung.

Bei Stellenanzeigen sind nicht-neutrale Formulierungen vor allem mit Bezug auf das Geschlecht und das Alter zu erwarten.[33] Nicht-neutrale Formulierungen können eine unmittelbare oder mittelbare Diskriminierung darstellen, § 3 AGG.

Als konform im Sinne des § 11 AGG sind die folgenden Anzeigeformulierungen zu betrachten:[34]

- Die Berufsbezeichnung (Blickfang) ist für alle Geschlechter formuliert und/oder mit „(m/w/d)" ergänzt.
- Der Blickfang der Anzeige sowie der Kleintext der Anzeige beziehen sich gleichermaßen auf Bewerbungen von Frauen, Männern und diversen Geschlechtsidentitäten.
- Geschlechtsunabhängige Formulierungen werden im gesamten Kleintext verwendet.
- In der Stellenanzeige wird mittels eines deutlich sichtbaren Vermerks klargestellt, dass mit der Ausschreibung ungeachtet ihres Wortlauts alle Geschlechter angesprochen seien.

> **Entschädigung nach § 15 AGG**
>
> Verstößt eine Stellenanzeige gegen das AGG und diskriminiert Personen, so kann jede einzelne Person eine Entschädigung geltend machen, die nach § 15 AGG auf maximal drei Monatsgehälter begrenzt ist. In der Praxis passiert dies als Massenereignis selten. Einzelklagen sind durchaus üblich.

---

[33] Vgl. Bauhoff/Schneider, Stellenanzeigen und die expressive Wirkung des AGG, 2013, S. 62.
[34] Vgl. Bauhoff/Schneider, Stellenanzeigen und die expressive Wirkung des AGG, 2013, S. 64 f.

3.4.2 Aktive Methoden der Personalbeschaffung

Die **aktiven Methoden** der Personalbeschaffung werden eingesetzt, wenn der Personalbedarf dringend ist und zeitnah die vakanten Stellen mit optimal qualifizierten Kandidaten besetzt werden sollen. In diesem Fall entwickelt das Unternehmen **Eigeninitiative** und **geht auf den Arbeitsmarkt zu**. Zu den aktiven Methoden werden gezählt:

- E-Recruiting und Social-Media
- Recruiting-Events
- Active Sourcing
- Personalberater/Headhunter
- Nutzung von Leiharbeit

Die aktiven Methoden werden im Folgenden detailliert vorgestellt.

3.4.2.1 E-Recruiting

E-Recruiting ist ein Sammelbegriff, unter dem Personalbeschaffungskanäle zusammengefasst werden, die auf die Nutzung elektronischer Medien und der damit verbundenen Möglichkeiten abstellen.[35] Instrumente des E-Recruitings sind:

- Elektronische Stellenanzeigen auf Job-Portalen
- Eigene Karrierewebseite
- Nutzung von Social Media

Elektronische Stellenanzeigen dienen dazu, die Informationen über eine vakante Position im Internet zu veröffentlichen. Sie sind „mehr" als eine digitale Kopie der klassischen Stellenanzeige. Gründe dafür sind:

- Elektronische Stellenanzeigen können wesentlich zielgruppengenauer gestaltet und kommuniziert werden. Die Streuverluste klassischer Stellenanzeigen können im Idealfall komplett eliminiert werden.
- Der Veröffentlichungsprozess kann komplett automatisiert werden, d. h., nach interner Meldung einer Vakanz und der Entscheidung zur externen Veröffentlichung können durch einen sog. Workflow Informationen zur Stelle mit Bildmaterial und Firmenbeschreibung zusammengeführt und digital an die Schnittstelle eines Job-Portals übermittelt werden.
- Schnell, da weder Druckschluss noch spezielle Wochentage für die Veröffentlichung abgewartet werden müssen.

---

[35] In einem weiteren Begriffsverständnis bezeichnet E-Recruiting den gesamten elektronisch abgewickelten Bewerbungsprozess, d. h. von der elektronischen Stellenausschreibung und dem Erhalt digitaler Bewerbungsunterlagen bis hin zu einer rein elektronischen Bewerberverwaltung.

- Durchgängig farbig, d. h. optisch attraktiv und Anreicherung der Anzeige durch Videos, direkte Links zum Bewerberportal des Unternehmens etc. sind möglich.

Eigene Karrierewebseite: Das Unternehmen betreibt eine eigene Webseite, auf der offene Stellen ausgeschrieben und weitere Informationen zu Karrieremöglichkeiten im Unternehmen sowie Ansprechpartner genannt werden. Das Unternehmen hat so vollständige Kontrolle über die Inhalte, kann die Corporate Identity des Unternehmens durchgängig beachten und muss für das Inserat keine externen Gebühren bezahlen. Aktuelle Software für die Unternehmensführung verfügt über Module für die Verwaltung vakanter Stellen und den Export der Stellendaten in XML. Technisch kann die Karrierewebseite dadurch schnell mit Inhalten gefüllt werden. Die Auffindbarkeit der Karrierewebseite soll durch Suchmaschinenoptimierung gewährleistet werden.

> Die Deutsche Bahn betreibt ein eigenes Karriereportal, auf dem die meist über 3.000 offenen Stellen des Konzerns ausgeschrieben sind. Das Portal wurde 2013 neu gestartet (Relaunch). Direkt im Folgejahr besuchten 3,8 Mio. Interessierte die Karrierewebseite.[36]

> Im Jahr 2019 hat Google einen neuen Service auf den Markt gebracht: Google4Jobs. Google-Nutzer können damit aus der gewohnten Suchzeile heraus nach Stellenangeboten recherchieren. Ein Link führt direkt zum Unternehmen. Um bei Google gelistet zu werden, muss die Karrierewebseite des Unternehmens entsprechende Meta-Informationen im Quelltext hinterlegen und die Google-Schnittstelle (API) bedienen können.[37] Bestehende Job-Portale fürchten durch die Marktmacht Googles eine Auswirkung auf ihre Geschäftsmodelle.[38]

Nutzung von Social Media: Social Media sind Plattformen, auf denen digitale Inhalte wie Bilder, Videos oder Audiodateien vom Benutzer hochgeladen und damit geteilt werden können. Damit werden „die sozialen Medien" abgegrenzt von den Social Networks, die dem Beziehungsaufbau und der Beziehungspflege zwischen Menschen dienen.

Für die Personalbeschaffung spielen die Kanäle der sozialen Medien direkt und indirekt eine wesentliche Rolle. Direkt lassen sich Stellenangebote darüber veröffentlichen und so auch Teile der Zielgruppe

---

[36] Vgl. Fvw (Hrsg.), Employer Branding, 2014, S. 81.
[37] Vgl. Knabenreich, Google for Jobs, 2019.
[38] Vgl. Fischer, Streit um Google, 2019, S. 73.

3.4 Passives und aktives Recruiting

erreichen, die aktuell keine Stellenportale durchsuchen. Die Inhalte können aus eigener Produktion stammen und sind oftmals günstig in der Herstellung. Zugleich unterhalten sie die Empfänger, weshalb sich auch der Begriff „**Recrutainment**" etabliert.

> Um einen Glücksfall der Personalbeschaffung handelt es sich, wenn das Stellenangebot von der Öffentlichkeit „viral" aufgenommen und in den sozialen Medien weiterverbreitet wird. So geschehen im Jahr 2018, als Glasermeister Sterz in einem bei Facebook veröffentlichten Video unvermittelt eine Glasscheibe zersplittern ließ und im Scherbenhaufen stehend sagte: „Moin, ich habe zwei Ausbildungsplätze zu vergeben." Weit über 3 Mio. Nutzer sahen das mit einfachen Mitteln produzierte Video. Die Glaserei konnte drei Ausbildungsplätze besetzen.[39]

3.4.2.2 Recruiting-Events

Als Recruiting-Events werden Veranstaltungen bezeichnet, bei denen Unternehmen und potenzielle Bewerber in Kontakt kommen. Unternehmen nutzen diese Gelegenheiten für die aktive, zumeist externe Personalbeschaffung, indem ein persönlicher Kontakt zwischen Recruiter und qualifizierten und/oder talentierten Personen etabliert wird. So wird auf Beschäftigungsmöglichkeiten und Karriereperspektiven hingewiesen und zur Bewerbung ermutigt.

Formen solcher Recruiting-Events sind je nach Zielgruppe:

- **Ausbildungsmessen:** Speziell für Schüler und junge Menschen auf Ausbildungsplatzsuche werden sog. Ausbildungsmessen abgehalten. Diese werden zum Beispiel von der IHK bzw. der Handwerkskammer organisiert und werden von ganzen Abschlussklassen besucht. Ausbildungsbetriebe präsentieren sich und informieren über Lehrstellenangebote und berufsvorbereitende Praktika.
- **Hochschulkontaktmessen:** Unternehmen kommen zu „Hochschulmessen" auf das Gelände der Hochschule und präsentieren dort ihr Unternehmen den anwesenden Studenten. Ziel ist, noch während des Studiums talentierte Kandidaten zu identifizieren und diese zu ermutigen, sich zum Studienende bei dem Unternehmen zu bewerben. Dazu setzt das Unternehmen meist ein festes Recruiting-Team ein, zu dem im Idealfall auch ehemalige Studenten der betreffenden Hochschule gehören. Das erhöht die Glaubwürdigkeit der Schilderungen und das Recruiting-Team ist mit den typischen Fragen von Studierenden aus eigener Erfahrung vertraut.
- **Karrieretage:** Es handelt sich um meist branchenbezogene Veranstaltungen (z. B. nur für Ingenieure), die Berufseinsteigern und

---

[39] Vgl. WuV (Hrsg.), Glasermeister Sterz findet Azubis [Online], 2018.

Berufserfahrenen gleichermaßen offenstehen. Organisiert werden solche Events von spezialisierten Dienstleistern sowie Branchenverbänden. Vor Ort informieren Unternehmen über entsprechende Karrieremöglichkeiten und wollen mit den Besuchern in Kontakt kommen.

- **Workshops** und **Fachinformationsveranstaltungen:** Beide Formate werden von Unternehmen zum Zweck der Kontaktaufnahme zu potenziellen Kandidaten und Bewerbern durchgeführt und richten sich je nach Thema der Veranstaltung an Berufseinsteiger (z. B. Workshop: „Präsentationstechniken") oder Berufserfahrene (Informationsveranstaltung zu neuen Methoden/Techniken). Das Veranstaltungsangebot bedeutet für die Teilnehmer also einen Mehrwert. Dafür gibt man dann auch bei der Anmeldung seine Adressdaten preis und übermittelt ggf. einen Lebenslauf.

Workshops und Fachinformationsveranstaltungen werden unternehmensindividuell angeboten. Bei den übrigen genannten Events kommen zahlreiche Ausbildungsbetriebe bzw. Unternehmen an einem Ort zusammen. Gerade dieser Umstand zieht Teilnehmer an, da an einem Tag Gespräche mit vielen Unternehmen geführt werden können. Unternehmen müssen sich bewusst sein, dass sie sich an diesem Tag als Arbeitgeber in direkter räumlicher Nähe zu Wettbewerbern präsentieren und potenzielle Bewerber die Karrieremöglichkeiten und Angebote unmittelbar vergleichen können.[40]

> Die Deutsche Bahn veranstaltet zur aktiven Personalbeschaffung regelmäßig sog. Backstage-DB-Events. Dabei soll die Vielfalt der Karrieremöglichkeiten bei der Bahn authentisch im Rahmen einer Fachinformationsveranstaltung vermittelt werden. Unter anderem gibt es das Backstage-Format „Karrieretag im Tunnel". Es wendet sich an berufserfahrene Ingenieure. Diese erhalten geführte Touren durch aktuelle Tiefbauprojekte und können sich dort mit Kollegen der Bahn über Maschinen, Technik und Verfahren austauschen. Berichtet wird, dass nahezu alle Teilnehmer später Gespräche mit den Fachbereichen über Jobperspektiven führen.[41]

3.4.2.3 Active Sourcing

Active Sourcing bezeichnet alle Rekrutierungsmethoden, bei denen die Recruiter des Unternehmens potenzielle Bewerber aktiv ansprechen und anzuwerben versuchen. Das Active Sourcing ist grundsätzlich nicht neu im Methodenset der Personalbeschaffung. Allerdings haben Trends wie Social Media und Karrierenetzwerke

---

[40] Vgl. Kanning, Personalmarketing, 2017, S. 82.
[41] Vgl. Wagner, Mitarbeiter als Botschafter, 2014, S. 24.

neue Möglichkeiten eröffnet und zu einer gestiegenen Bedeutung der Methode beigetragen. Potenzielle Mitarbeiter werden mit Active Sourcing identifiziert und als Kandidaten angesprochen. Dazu bedient sich das Recruiting unter anderem folgender Techniken und Tools:

- **Profilsuche** (engl.: *Profile Mining*): Dabei werden Karrierewebseiten gezielt nach Profilen durchsucht, die bestimmte Schlüsselbegriffe enthalten. Da die Profilinhaber über ihre Qualifikationen und Kompetenzen freiwillig Auskunft geben, finden sich z. B. auf LinkedIn oder Xing zahlreiche Treffer.
- **Suche nach Lebensläufen** (engl.: *CV-Search*): Suchanfragen bei Suchmaschinen werden um Stichworte wie „Lebenslauf" oder „Curriculum Vitae" (CV) ergänzt. Gesucht werden Lebensläufe, die auf (privaten) Webseiten oder in Karrierenetzwerken veröffentlicht wurden.
- **Offene Websuche** (engl.: Open Web Search): Unter Benutzung der Standard-Suchmaschinen wird das gesamte öffentliche – und von Suchmaschinen indexierte – Web nach Schlüsselqualifikationen durchsucht.

Eine Abgrenzung zum im folgenden Unterpunkt erläuterten „Headhunting" ist, dass beim Active Sourcing die Recruiter Angestellte des suchenden Unternehmens sind, also die Personalbeschaffung originär vom Unternehmen selbst durchgeführt wird.

3.4.2.4 Personalberater/Headhunter

Personalberater sind Dienstleister, die sich darauf spezialisiert haben, Unternehmen bei der Personalbeschaffung zu unterstützen. Je nach Auftragsumfang übernehmen die synonym auch als „**Headhunter**" bezeichneten Personalberatungen Tätigkeiten von der Analyse der Anforderungen der vakanten Stelle, der Selektion erfolgversprechender externer Kandidaten und deren Ansprache bis hin zur Unterstützung bei der Personalauswahl. Galt das Headhunting früher als Leistung, die wegen der damit verbundenen Kosten nur bei Führungspositionen beauftragt wurde, ist inzwischen die Suche und Vermittlung von berufserfahrenen Fachkräften ein typisches Betätigungsfeld der Personalberatungen.[42]

3.4.2.5 Nutzung von Leiharbeit

Bei der **Nutzung von Leiharbeit** bezieht das Unternehmen von einem externen Verleiher die benötigten Arbeitskräfte in der gesuchten Qualifikation und setzt diese ergänzend zur eigenen Belegschaft ein.

---

[42] Vgl. Achouri, Recruiting und Placement, 2007, S. 68.

Dieser Vorgang wird auch als **Arbeitnehmerüberlassung** (AÜN) oder **Personal-Leasing** bezeichnet.

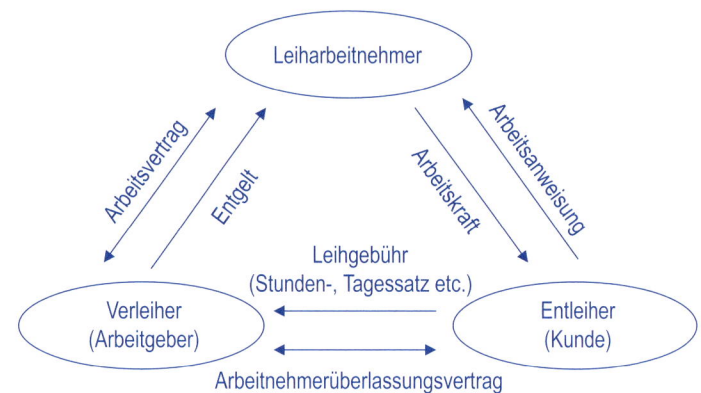

Abbildung 8: Prinzip der Arbeitnehmerüberlassung

Das Prinzip der Arbeitnehmerüberlassung funktioniert wie folgt: Der **Verleiher** schließt mit dem **Leiharbeitnehmer** einen regulären Arbeitsvertrag. Dies verschafft dem Verleiher ein Weisungs- und Direktionsrecht hinsichtlich der Arbeitsausführung und des Arbeitsorts des Leiharbeitnehmers. Der **Entleiher** schließt mit dem Verleiher einen Arbeitnehmerüberlassungsvertrag. Der Vertrag bestimmt, dass der Verleiher den Leiharbeitnehmer im Betrieb des Entleihers einsetzt, damit dieser dort entsprechend einer allgemeinen Arbeitsanweisung Dienste verrichtet. Der Entleiher zahlt dafür eine zeitabhängige Leihgebühr für die Arbeitskraft.

Der Leiharbeitnehmer ist angestellter Arbeitnehmer des Verleihers. Benötigt der Kunde (Entleiher) die Arbeitskraft nicht mehr, muss er dem Leiharbeitnehmer nicht kündigen, sondern nur den Arbeitnehmerüberlassungsvertrag auflösen. Kündigungsschutzvorschriften sind für den Entleiher nicht zu beachten.

Vorteile der Leiharbeit sind, dass der Personalbedarf kurzfristig in der gewünschten Menge und mit den benötigten Qualifikationen gedeckt wird. Das Unternehmen erschließt sich Flexibilitätspotenzial. Zudem besteht die Möglichkeit, geeignete Leiharbeiter mittelfristig vom Verleiher „abzuwerben" und diese direkt zu beschäftigen.

Nachteile sind die fehlende Möglichkeit zur leistungsorientierten Personalauswahl. Die Nutzung von Leiharbeitern ist ein häufiger Streitpunkt mit dem Betriebsrat: Nach § 14 AÜG in Verbindung mit § 99 BetrVG ist der Einsatz eines Leiharbeiters wie eine Einstellung zu behandeln und damit zustimmungspflichtig. Dies betrifft insbesondere sog. Dauerarbeitsplätze.

3.5 Annahme der Bewerbung

Ein wichtiger Zwischenschritt ist bei der Personalbeschaffung erreicht, wenn Kandidaten ihre Bewerbungen einreichen und damit offiziell zu Bewerbern werden.

Vollständige Bewerbungsunterlagen bestehen aus:
- Bewerbungsanschreiben (Motivationsschreiben),
- Lebenslauf,
- Abschluss- und Ausbildungszeugnissen,
- Arbeitszeugnissen und Referenzen,
- Weiterbildungszeugnissen und
- gegebenenfalls einem Lichtbild.

Je nach Branche (Arbeit mit Kindern, Jugendlichen, aber auch Vermögensberatung) kann ein polizeiliches Führungszeugnis in den Bewerbungsunterlagen gefordert sein.

Seit Inkrafttreten des Allgemeinen Gleichbehandlungsgesetzes (AGG) verzichten manche Unternehmen ausdrücklich auf ein Foto. Man möchte so von vornherein ausschließen, dass Bewerber vermuten könnten, sie wären wegen ihrer Ethnie diskriminiert worden.

Viele Unternehmen erwarten die Bewerbung inzwischen in elektronischer Form „online": Die Unternehmen werden dadurch von der Erfassung der Daten entlastet, zudem kann eine Software den Bewerbungsprozess als Workflow steuern.

> **Umgang mit Bewerberdaten**
>
> Bei einer Bewerbung handelt es sich um personenbezogene Daten. Sie darf nicht dauerhaft gespeichert werden, außer wenn dazu eine Genehmigung vorliegt! Zudem sind Bewerbungsunterlagen streng unter Verschluss zu halten.

3.6 Personalbeschaffung als Prozess – die Candidate Journey

Der Begriff der Candidate Journey ist in Deutschland noch relativ neu. Inzwischen beschäftigen sich erste Studien und Fachquellen mit dem Thema.[43]

---
[43] Vgl. Verhoeven (Hrsg.), Candidate Experience, 2016.

> Als Candidate Journey werden alle Stationen des Bewerbungsprozesses bezeichnet, bei denen ein Bewerber direkt sowie über Dritte Kontakt mit einem Unternehmen hat.
> Die Summe der Eindrücke und Erfahrungen über den gesamten Prozess der Candidate Journey bildet die sog. Candidate Experience.

Folgende Entwicklungen in jüngerer Zeit sind wesentlich für das Denken in einer Candidate Journey:

- Potenzielle Bewerber informieren sich heute im Internet und über soziale Netzwerke vor einer Bewerbung ausführlich über ein Unternehmen. Die Meinungsbildung zu einem Arbeitgeber startet also, bevor der erste direkte Kontakt zum Bewerber stattfindet.
- Das Employer Branding lehrt, dass jede Information über einen Arbeitgeber in die Wahrnehmung seiner Eigenschaft als Arbeitgebermarke einfließt. Das gilt auch für Online/Offline-Berichte zu einem Arbeitgeber.
- Arbeitgeber-Bewertungsportale und Stimmungen in sozialen Medien bestimmen die Wahrnehmung einer Arbeitgebermarke, sind aber der direkten Kontrolle des Arbeitgebers entzogen.

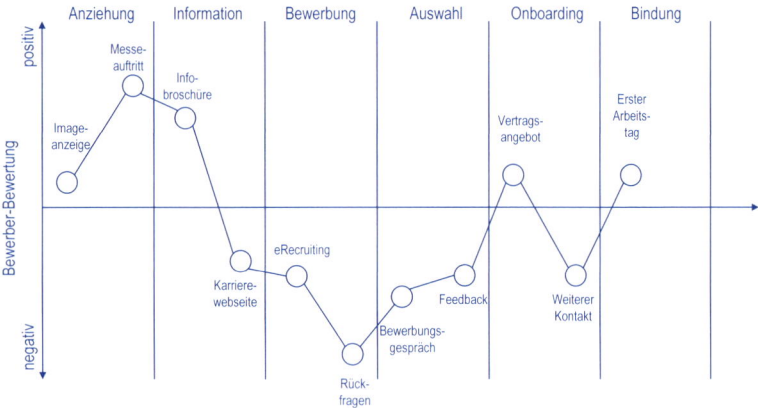

Abbildung 9: Mapping der Candidate Journey – 6-Phasen-Modell[44]

Es sind also nicht mehr nur die direkten Berührungspunkte (sog. Touchpoints) zwischen Arbeitgeber und Interessent, sondern auch Geschichten, bekannte Erfahrungen Dritter (z.B. abgelehnter Bewerber), welche die Meinung zu einem Unternehmen als Arbeitgeber prägen.

Für die Personalbeschaffung ist es daher langfristig wichtig, die Customer Journey und alle Touchpoints auf dieser Reisestrecke so positiv wie möglich zu gestalten, um dauerhaft als attraktiver Arbeitgeber

---

[44] Quelle: Verhoeven (Hrsg.), Candidate Experience, 2016, S. 36f.

Zugriff auf die Ressource Personal außerhalb des Unternehmens zu erlangen. Versucht man, die Candidate Experience planmäßig über die gesamte Candidate Journey hinweg zu beeinflussen, wird dies als Candidate Experience-Management (CEM) bezeichnet. Indirekt und langfristig sollen damit auch die Berichte im Internet/den sozialen Medien positiver werden.

3.7 Kontrollfragen

K 3-01 Erläutern Sie die Begriffe der internen und externen Personalbeschaffung. Stellen Sie dar, welche Vor- und Nachteile mit der jeweiligen Form verbunden sind.

K 3-02 Nennen und erläutern Sie drei Maßnahmen aus dem Bereich der aktiven externen Personalbeschaffung.

Ü 3-01 Haben Sie sich schon einmal für ein Praktikum oder eine Stelle beworben? Erstellen Sie eine Tabelle mit drei Spalten. Notieren Sie darin in der ersten Spalte den Berührungspunkt zwischen Ihnen und dem Unternehmen („Touchpoint"). Schreiben Sie in die zweite Spalte („Candidate Experience"), welche positiven oder negativen Gefühle dieser Kontakt bei Ihnen hinterlassen hat. Begründen Sie in der dritten Spalte („Warum?"), was ursächlich für die Gefühle war. Bilden Sie Transfer: Was müsste das Unternehmen ändern, um die Candidate Experience positiver zu gestalten?

Personalauswahl | 4

In den vorhergehenden Kapiteln war es Anliegen des Personalmanagements, das Unternehmen als bevorzugten Arbeitgeber zu präsentieren (Personalmarketing), mittels Planungen den Nettopersonalbedarf zu einem späteren Zeitpunkt am Planungshorizont zu determinieren (Personalbedarfsplanung) und für den Fall einer Unterdeckung der Personalkapazitäten der Frage nachzugehen, auf welchen Kanälen Kandidaten gefunden und zu Bewerbern umgewandelt werden können (Personalbeschaffung).

Dieses Kapitel betrachtet Verfahren und Instrumente zur Personalauswahl: Unter den (hoffentlich) zahlreichen Bewerbern auf eine Stelle ist eine Auswahl zu treffen. Gesucht ist die Person, die mit ihren Fähigkeiten das beste Arbeitsresultat für das Unternehmen erwarten lässt. Zugleich soll eine Fehlbesetzung der Stelle vermieden werden.

Lernziele

Die folgenden Ziele können Sie mit dem Textstudium dieses Kapitels erreichen:

- Sie können mehrstufige Personalauswahlverfahren wie das Siebmodell erläutern.
- Grundlegende Möglichkeiten zur Analyse von Bewerbungen sind Ihnen geläufig.
- Sie kennen verschiedene Instrumente der Personalauswahl und können diese inhaltlich erläutern,
- Auswahlregeln zum Abschluss des Recruiting-Prozesses sind Ihnen bekannt und können von Ihnen detailliert dargestellt werden.

4.1 Aufgaben und Ziele der Personalauswahl

Die Personalauswahl gehört zu den wesentlichen Leistungen des Personalmanagements. Sie hat die Aufgabe, aus einer Reihe von Bewerbern die Person mit der besten Eignung zu ermitteln.

> Die **Personalauswahl** ist ein Prozess, in dessen Verlauf die Eignung mindestens eines Bewerbers für eine vakante Stelle geprüft wird, eine Entscheidung für oder gegen jeden Bewerber getroffen wird und an dessen Ende dem gewählten Bewerber ein Arbeitsvertrag angeboten wird.

Eignung wird dabei als Übereinstimmung von Qualifikations- und Kompetenzprofil des Bewerbers mit dem Anforderungsprofil der Stelle definiert.

In einem ersten Schritt ist daher das **Anforderungsprofil der vakanten Stelle** zu erheben. Die **Stelle** ist die kleinste aufbauorganisatorische Einheit. Sie entsteht durch die Bündelung von Aufgaben.[45] Diese werden gesamthaft dem Stelleninhaber übertragen. Die Stelle, auf die sich ein Bewerber bewirbt, bestimmt letztlich, welche Anforderungen beim Bewerber und seinen Mitbewerbern untersucht werden müssen. In einer gut dokumentierten Organisation können die Anforderungen aus **Stellenbeschreibungen** sowie mit den **Mitteln der Organisationsanalyse** erhoben werden.[46]

> **Exkurs**
>
> Gerade die Anforderungsanalyse der zu besetzenden Stelle ist verbesserungsfähig: In einer aktuellen Untersuchung mit N=215 Unternehmen zeigt sich:[47]
> - Nur 29 % der Unternehmen haben explizite Anforderungsprofile.
> - In nur 5 % der Fälle ist das Anforderungsprofil alleiniges Kriterium für die Prüfung der Eignung. Viel häufiger dient es als Grundlage, entschieden wird dann nach „globaler Einschätzung" (62 % der Fälle).
> - In 86 % der untersuchten Fälle legt der Fachvorgesetzte die Anforderungen an den späteren Stelleninhaber alleine fest.

Um die Qualifikation bzw. Kompetenz eines internen oder externen Bewerbers zu ermitteln, bedient man sich der Eignungsdiagnostik und der von ihr für „gut" befundenen Instrumente.

„**Eignungsdiagnostik** kann in diesem charakterisiert werden als Methodologie zur Entwicklung, Prüfung und Anwendung psycholo-

---

[45] Vgl. Träger, Organisation, 2018, S. 31 f.
[46] Vgl. Träger, Organisation, 2018, S. 81.
[47] Vgl. Kanning, Diagnose: verbesserungswürdig, 2015, S. 41 f.

gischer Verfahren zum Zwecke eignungsbezogener Erfolgsprognosen und Entscheidungshilfen im beruflichen Kontext."[48]

Die Eignungsdiagnostik verbessert also die **Informationsgrundlage** der Auswahlentscheidung. Einzelne Verfahren der Eignungsidagnostik werden allgemein nach den Gütekriterien **Objektivität, Reliabilität** und **Validität** beurteilt.

> **Gütekriterien der Personalauswahl**[49]
>
> - **Objektivität:** Objektivität meint die Unabhängigkeit der Ergebnisse von der Person, welche die Messung durchführt.
> - **Reliabilität:** Reliabilität meint die Genauigkeit und damit verbunden die Zuverlässigkeit der Messung.
> - **Validität:** Validität meint die Gültigkeit der Messung im Sinne einer inhaltlichen Bedeutung der Daten für die gemessene Größe.

Vermieden werden soll, dass die Personalauswahl mit ungeeigneten Verfahren oder von Personen mit „Halbwissen" durchgeführt wird. Dies soll eine Norm leisten: Die Norm **DIN 33430** will ein fachlicher Standard für die Personalauswahl sein. Sie wurde geschaffen, um eine Qualitätssicherung für den Einsatz und die Durchführung von Verfahren in der Personalauswahl zu sein. In der Praxis wird die Personalauswahl auch ohne die Beachtung aller Normvorschriften durchgeführt.

4.2 Mehrstufige Personalauswahl und Siebmodell

Als **mehrstufige Personalauswahl** werden alle Verfahren bezeichnet, die durch sequenzielle Abfolgen verschiedene Instrumente nutzen, um aus den Bewerbern jeweils diejenigen zu selektieren, die im weiteren Verlauf der Personalauswahl zu berücksichtigen sind.

Das Gegenteil der mehrstufigen Personalauswahl ist die **einstufige Auswahl**, bei der lediglich Anschreiben, Bewerbungsunterlagen und begleitende Zeugnisse etc. als Grundlage der Personalauswahl genutzt werden.[50] Da diese Unterlagen aus diversen Gründen kaum noch Aussagekraft haben, sind mehrstufige Personalauswahlverfahren zu bevorzugen.

---

[48] Schuler, Das Einstellungsinterview, 2018, S. 23.
[49] Vgl. Berger, Wissenschaftliches Arbeiten in den Wirtschafts- und Sozialwissenschaften, 2010, S. 153.
[50] Vgl. Drumm, Personalwirtschaft, 2007, S. 301.

Wie eine mehrstufige Personalauswahl verschiedene Verfahren kombiniert, zeigt das **Siebmodell** der Personalauswahl (ursprünglich synonym als „**Trichtermodell**" bezeichnet):

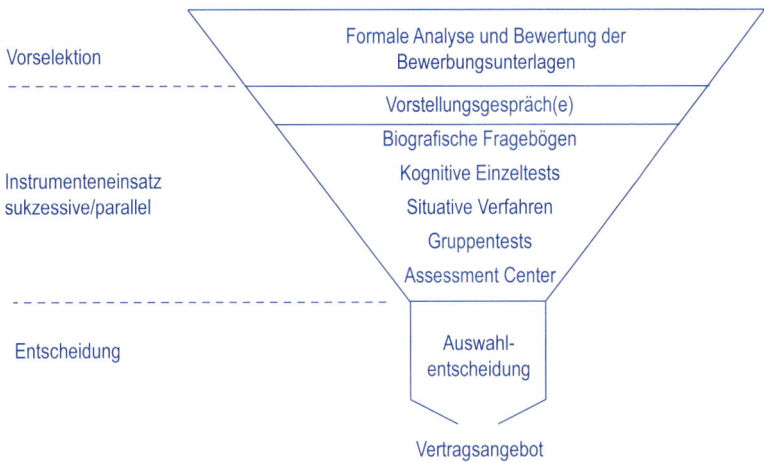

Abbildung 10: Siebmodell

Der Einsatz der im Siebmodell genannten Verfahren kann sukzessive oder quasi parallel erfolgen. Aus kaufmännischen Überlegungen wird ein Einsatz oftmals derart gestaffelt, dass zunächst die im oberen Teil des Siebes befindlichen, breit anwendbaren sowie kosten- und zeitgünstigen Instrumente, z. B. online durchgeführte Einzeltests genutzt werden. Im unteren Bereich kommen teurere und aufwendigere Verfahren für die bis dahin selektierten Bewerber zur Anwendung. Zu den teuren Instrumenten gehört z. B. das Assessment Center.

Diese Staffelung des Instrumenteneinsatzes wird immer von der vakanten Stelle mitbestimmt:

- Bei einer unteren und mittleren Führungsposition kann erwartet werden, dass nach Feststellung der grundsätzlichen Eignung für die Stelle statt „Online-Einzeltests" direkt ein Vorstellungsgespräch stattfindet.
- Bei hohen Führungspositionen oder stark durch Fachexpertentum geprägten Stellen werden manche Instrumente wie z. B. das Assessment Center ausscheiden, da es zum einen nicht genügend Bewerber für ein Gruppentestverfahren gibt, und zum anderen, da der Gedanke an eine Wettbewerbssituation mit anderen Bewerbern unter Umständen mit dem Selbstverständnis des Bewerbers kollidiert.

4.3 Analyse der Bewerbungsunterlagen

Die Analyse der Bewerbungsunterlagen betrifft zwei Dimensionen:
- Formale Analyse auf Vollständigkeit, Äußerlichkeiten und Rechtschreibung, Grammatik und Zeichensetzung.
- Inhaltliche Analyse der einzelnen Bestandteile der Bewerbungsunterlagen.

Bei der **formalen Analyse** wird zunächst geprüft, ob der Bewerber alle geforderten Unterlagen eingereicht hat. Dies können je nach Unternehmen und angestrebter Position sein: Anschreiben (Motivationsschreiben), Lebenslauf, schulische/berufliche Zeugnisse und Ausbildungsabschlüsse, ggf. weiterhin polizeiliches Führungszeugnis (z. B. bei Arbeit mit Kindern; Vermögensberatung), amtsärztliche Bescheinigungen (z. B. Gastronomie), Referenzen/Arbeitszeugnisse.

Das **äußere Erscheinungsbild** sowohl einer schriftlichen Bewerbung als auch eines elektronischen PDFs lässt erste Rückschlüsse auf die Sorgfalt und die IT-Anwendungskompetenz des Bewerbers zu.

Fehler in der Rechtschreibung und Grammatik wären früher ein K.O.-Kriterium für den weiteren Bewerbungsprozess gewesen. In Zeiten des Fachkräftemangels hängt es davon ab, für welche Stelle man sich bewirbt: Steht bei einer Stelle die körperliche Arbeit im Vordergrund, kann man deutlich toleranter sein als bei einer Stelle in einer Medienredaktion.

Besonderes Augenmerk wird der **inhaltlichen Analyse** des **Lebenslaufs** gewidmet. *Berthel/Becker* beschreiben drei Analysen, die auf das Dokument angewendet werden:[51]

- **Zeitfolgenanalyse:** Es wird geprüft, ob der Lebenslauf zeitlich stringent ist oder ob zeitliche Lücken in ihm existieren. Ebenfalls interessiert die Dauer der einzelnen Beschäftigungsstationen, wobei hier jede Interpretation vor dem Hintergrund der Branche und des Lebensalters zu erfolgen hat.
- **Positionsanalyse:** Man betrachtet, ob sich ein (Karriere-)Muster in den bisherigen Positionen findet. Denkbar sind ein stetiger Aufstieg, die Abgabe von Verantwortung oder auch keine Entwicklung.
- **Firmen- und Branchenanalyse:** Die beruflichen Stationen werden danach analysiert, welche Unternehmen Arbeitgeber waren (Größe, Unternehmenstypus) und in welchen Branchen sie sich bewegten. Auffällig wäre dabei z. B., wenn ein Bewerber stets bei familiengeführten Handwerksunternehmen gearbeitet hat und sich nun bei einem Konzern bewirbt.

---

[51] Vgl. Berthel/Becker, Personalmanagement, 2010, S. 332 f.

> **Lücken im Lebenslauf**
>
> Eine Studie von *Frank/Kanning* weist darauf hin, dass eine bei der Zeitfolgenanalyse entdeckte zeitliche Lücke im Lebenslauf alleine kein Grund ist, Kandidaten abzulehnen. In der Untersuchung wurden verschiedene Ursachen von zeitlichen Lücken betrachtet: Krankheit, Kinder/Elternschaft, Wartezeit (z. B. nach einem Schulabschluss), Reisetätigkeit, Arbeitslosigkeit sowie abgebrochene Ausbildung.
>
> Im Ergebnis zeigen die Daten u. a., dass Lücken durch abgebrochene Ausbildung ein statistisch signifikantes Indiz für Defizite in der Gewissenhaftigkeit sind und Lücken durch Reisetätigkeit mit einer geringeren Selbstkontrolle einhergehen. Die Wartezeit nach einem Schulabschluss hat hingegen kaum diagnostische Aussagekraft über den Bewerber.[52]
>
> Fazit: Bei Lücken im Lebenslauf sollte der Bewerber gefragt werden, woher diese rühren.

Da die Analyse der Bewerbungsunterlagen im Siebmodell über ein Weiterkommen des Bewerbers entscheidet, sollten Bewerber „auf der Kippe" besser im Verfahren bleiben: Die im Anschluss eingesetzten Instrumente der Bewerberauswahl (Bewerberinterview, Testverfahren etc.) beleuchten die Eignung des Bewerbers noch genauer. Die dabei entstehenden Kosten sind in Zeiten des Fachkräftemangels eher zu verkraften als die Möglichkeit, einem grundsätzlich doch geeigneten Bewerber leichtfertig abgesagt zu haben.

4.4 Bewerberinterview, seine Schwächen und Verbesserungen

Das **Bewerberinterview** (früher als **Vorstellungsgespräch** bezeichnet) ist eines der bekanntesten und in der Praxis beliebtesten Personalauswahlverfahren. Es handelt sich dabei um ein zumeist freies, seltener um ein strukturiertes Gespräch zwischen Unternehmensvertretern und einem oder mehreren Bewerbern. Das erste Bewerberinterview wird im Rahmen einer mehrstufigen Personalauswahl üblicherweise nach der Analyse der Bewerbungsunterlagen angesetzt, weitere Gespräche – synonym auch als **Auswahl-** oder **Einstellungsgespräche/-interviews** bezeichnet – können folgen.

Soziales Ziel des Bewerberinterviews ist das persönliche (gegenseitige) Kennenlernen. **Fachliches Ziel** ist der Wunsch, mit dem Gespräch **weitere Informationen zu erheben** und die **Eignung des Bewerbers** für die zu besetzende Stelle **zu diagnostizieren**.

---

[52] Vgl. Kanning, Sichtung von Bewerbungsunterlagen, 2015, S. 46 f.

4.4 Bewerberinterview, seine Schwächen und Verbesserungen

Detailliert sollen folgende Informationen erhoben werden:[53]
- Motivation für die Bewerbung bzw. zum Stellenwechsel,
- Beurteilung der Fähigkeit zur Integration in das Unternehmen und das soziale Umfeld des Arbeitsplatzes,
- Nacherhebung von in den Bewerbungsunterlagen fehlenden Daten, Klärung von eventuellen Lücken oder Brüchen im Lebenslauf,
- Überprüfung der schriftlichen Angaben aus dem Lebenslauf.

Das **Bewerberinterview** kann in verschiedenen Formen durchgeführt werden. Die Tabelle zeigt für verschiedene Kriterien jeweilige Ausprägungen. Es ergeben sich durch die Kombinationsmöglichkeiten zahlreiche **Varianten**:

Kriterium	Ausprägungen
Häufigkeit	Einmalig, mehrmalig
Vorbereitung	Unvorbereitet, vorbereitet
Aufbau	Frei, strukturiert, standardisiert
Teilnehmer (unternehmensseitig)	• Späterer Fachvorgesetzter alleine (Solointerview) • evtl. mit Vertreter der Personalabteilung (Doppelinterview) • evtl. mit Vertreter der zukünftigen Kollegen oder weiteren Unternehmensangehörigen (Jury- oder Board-Interview)
Teilnehmeranzahl Bewerber	Einer, mehrere
Durchführung	Persönlich, per Telefon, per Videokonferenz

Tabelle 4: Formen des Bewerberinterviews

Die fachlichen Ziele des Bewerberinterviews werden je nach Form des Gesprächs nicht erreicht: Gerade für **einmalige, unvorbereitete freie Solointerviews** eines Bewerbers gibt es starke Indizien, dass die **Validität einer Eignungsdiagnose** allenfalls auf dem **Niveau eines Münzwurfs** liegt.[54] Als „frei" wird das Gespräch bezeichnet, wenn der Gesprächsverlauf ungeplant ist und Themen sowie Fragen des Interviewers sich aus dem Gespräch ergeben.

Dies liegt an den **Schwächen** des unvorbereiteten, freien Bewerbungsinterviews und den **Fehlern**, die ungeschulte Unternehmensvertreter dabei begehen:

---
[53] Vgl. Bröckermann, Personalwirtschaft, 2007, S. 119f.
[54] Vgl. Drumm, Personalwirtschaft, 2008, S. 303 und die dort genannte Literatur; vgl. Bröckermann, Personalwirtschaft, 2007, S. 122.

- **Zu hoher Gesprächsanteil des Interviewers:** Der Interviewer redet zu viel über das Unternehmen, dessen Strategie etc. und nutzt nicht die Zeit, Informationen vom Bewerber einzuholen.
- **Kein Anforderungsbezug der Fragen:** Die Fragen des Interviewers haben keinen oder kaum Bezug zu der zu besetzenden Stelle.
- **Keine Vergleichbarkeit der Fragen:** Der „freie" Interviewstil führt dazu, dass jedem von mehreren Bewerbern unterschiedliche Fragen gestellt werden. In der Folge sind die Antworten nicht vergleichbar und eine stellenbezogene, einheitlich vorgenomme Bewertung aller Bewerber scheidet aus.
- **Überbewertung des ersten Eindrucks:** Intuitiv bewerten Menschen unbekannte Personen innerhalb von Sekunden. Betritt ein Bewerber den Raum, bildet sich beim Interviewer ein erster Eindruck. Untersuchungen zur Informationsaufnahme des Menschen haben gezeigt, dass eine zuerst gebildete Meinung eine überproportional große Menge gegenteiliger Informationen benötigt, bevor sie revidiert wird. Ist der erste Eindruck eines Bewerbers „positiv", werden in der Folge auch mehrere „unpassende" Antworten zunächst noch verziehen.
- **Halo-Effekt:** Diese, auch als Ausstrahlungs-Effekt bekannte psychologische Verzerrung tritt auf, wenn von einem wahrnehmbaren Merkmal auf andere, unbeobachtete Merkmale geschlossen wird. Beispielsweise wird der entschlossene Händedruck bemerkt und dem Bewerber Durchsetzungskraft unterstellt.
- **Kontrast-Effekt:** Werden in kurzer Zeit mehrere Gespräche mit unterdurchschnittlichen Bewerbern geführt, wirkt ein an sich nur durchschnittlicher Kandidat plötzlich positiv überlegen.
- **Vermutungen:** Der Interviewer erklärt sich mittels Vermutungen unklare Aussagen des Bewerbers als schlüssig, statt explizit nachzufragen.
- **Typisierung der Bewerber:** Statt jeden Bewerber als Individuum zu sehen, werden Vergleiche mit bestehenden Mitarbeitern gezogen. Wird jemand vom Interview gedanklich als „ein Typ wie ..." gesehen, werden auch Charaktereigenschaften des bekannten Mitarbeiters mit dem unbekannten Bewerber assoziiert.
- **Sympathiefehler:** Eine für die Stellenbesetzung irrelevante Detailinformation führt dazu, dass der Interviewer eine Parallele zwischen sich und dem Bewerber entdeckt und diesen in der Folge emotional positiver bewertet. Beispiel: Interviewer und Bewerber teilen ein Hobby, haben dieselbe Schule besucht etc.

Neben den genannten Fehlern gibt es zahlreiche weitere Beobachtungs- und Beurteilungsfehler.[55]

---

[55] Vgl. Becker, Personalentwicklung, 2009, S. 471.

4.4 Bewerberinterview, seine Schwächen und Verbesserungen

Verbessern lässt sich das Interview, indem es mindestens strukturiert, im Ideal standardisiert durchgeführt wird:[56]

- Für das **strukturierte Interview** wird ein Gesprächsrahmen vorgegeben. Dieser bestimmt Fragenblöcke sowie einige unbedingt zu klärende Fragen, ist ansonsten aber flexibel bei den Gesprächsinhalten.
- Das **standardisierte Interview** bestimmt vorab genau die Fragen und die Abfolge, in der diese dem Bewerber gestellt werden müssen. Die Vergleichbarkeit zwischen den Bewerbern wird deutlich erhöht, auch ist eine statistische Auswertung nun leicht möglich.

Beide Interviewformen bedingen eine **intensive Vorbereitung des Gesprächs**: Die Anforderungen an die Stelle müssen geklärt werden, damit die Struktur und einzelne Fragen stehen.

Weitere Optimierungen werden erreicht, indem die Interviews zeitlich strikt von der Auswahlentscheidung getrennt werden. Eine spätere Vergleichbarkeit mehrerer Bewerber ist mit Bewertungsskalen leichter möglich als mit Freitext-Notizen. Eine Bewertungskommission urteilt objektiver über die Bewerber als eine einzelne Person. Das Gespräch sollte sich auf die Aspekte beschränken, die nicht besser durch andere Instrumente (z. B. die im folgenden beschriebenen Einzeltests etc.) erhoben werden können.

Tipps zur Verbesserung des Vorstellungsgesprächs

Uwe P. Kanning gibt folgende Tipps für eine einfach zu realisierende Verbesserung des Vorstellungsgesprächs:

- „Führen Sie eine Anforderungsanalyse durch. Befragen Sie hierzu mehrere Personen, die aus unterschiedlicher Perspektive (Vorgesetzter, Stelleninhaber, Kollege, Mitarbeiter, Kunde) den fraglichen Arbeitsplatz gut einschätzen können.
- Definieren Sie auf der Grundlage der Anforderungsanalyse ein Anforderungsprofil, aus dem hervorgeht, wie stark die verschiedenen Kompetenzen ausgeprägt sein müssen, damit ein Bewerber als geeignet angesehen werden kann.
- Entwickeln Sie einen Interviewleitfaden, in dem jede Kompetenzdimension mit mehreren Fragen abgedeckt wird. Achten Sie darauf, dass der Interviewleitfaden auch verbindlich in jedem Interview zur Besetzung der Stelle Verwendung findet.
- Definieren Sie für jede Frage ein Punktesystem, aus dem hervorgeht, bei welchen Antworten wie viele Punkte zu vergeben sind.
- Nehmen Sie die Bewertung der Antworten durch mindestens zwei Personen (zum Beispiel Interviewer und Beisitzer) vor, und zwar unabhängig voneinander.

---

[56] Vgl. Bröckermann, Personalwirtschaft, 2007, S. 122.

- Erstellen Sie nach dem Interview ein Kompetenzprofil des Bewerbers, das mit dem Anforderungsprofil verglichen wird. Nur diejenigen Bewerber, die alle Mindestanforderungen erfüllt haben, werden untereinander verglichen."[57]

4.5 Instrumente der Personalauswahl

Im Folgenden werden Instrumente der Personalauswahl vorgestellt. Diese sind zu Gruppen wie z. B. den kognitiven Einzeltests zusammengefasst. Im Siebmodell der Personalauswahl können die Tests kombiniert eingesetzt werden.

4.5.1 Biografische Fragebögen

Biografische Fragebögen erfassen schriftlich vergangene Ereignisse und Verhaltensweisen des Bewerbers.[58] Dies wird gemacht, da das Verhalten in der Vergangenheit als Prädikator für zukünftiges Verhalten gesehen wird.

Abgefragt werden Aussagen zur Berufswahl, zur Leistungsbereitschaft, über die Einstellungen zur Arbeit etc. durch Multiple-Choice-Fragen.[59] Die Auswertung erfolgt im Hinblick auf die Anforderungen der Stelle und kann zudem mit den typischen Antworten anderer Unternehmensmitglieder abgeglichen werden.

Es gibt auch **Kritik** an den biografischen Fragebögen: Letztlich verleiten sie Unternehmen, nach Bewerbern zu suchen, die dem „erfolgreichen" Teil der bestehenden Belegschaft ähneln.[60] Das bedeutet aber, dass man Erfolgsmuster aus der Vergangenheit verstärkt. In einer dynamischen Umwelt ist man so eventuell nicht für Veränderungen gerüstet.

> **Mitbestimmungsrecht bei Fragebögen**
>
> In mitbestimmten Unternehmen hat der Betriebsrat nach § 94 BetrVG ein Mitbestimmungsrecht bei Fragebögen. § 95 BetrVG bestimmt zudem, dass Auswahlrichtlinien ebenfalls der Zustimmung des Betriebsrates bedürfen. Ab 500 Mitarbeitern kann der Betriebsrat sogar die Erstellung solcher Regeln initiativ verlangen.

---

[57] Kanning, Diagnose: verbesserungsfähig, 2015, S. 42.
[58] Vgl. Schuler, Das Einstellungsinterview, 2018, S. 28 f.
[59] Vgl. Bröckermann, Personalwirtschaft, 2007, S. 117.
[60] Vgl. Bröckermann, Personalwirtschaft, 2007, S. 118.

4.5 Instrumente der Personalauswahl

4.5.2 Kognitive Einzeltests

Kognitive Einzeltests sind Personalauswahlinstrumente, welche die **Leistungsfähigkeit** oder **Intelligenz** eines Bewerbers messen. Sie erheben zeitlich konstante Merkmale des Bewerbers und werden daher den eigenschaftsorientierten Verfahren zugerechnet.[61]

Zu den kognitiven Einzeltests gehören beispielhaft die folgenden Aufgabentypen:[62]

- Reihenfolgen erkennen: Aus Zahlen oder Worten werden Reihen gebildet, die vom Bewerber fortzusetzen sind (Beispiel: 9, 11, 18, 20, 36, ?).
- Rechenaufgaben: Relativ einfache Kopfrechenaufgaben sind unter Zeitdruck zu lösen (81 – 9 + 12 = ?). Alternativ sind alle Zahlen gegeben und die Rechenzeichen müssen ergänzt werden (81 ? 9 ? 12 ? 84).
- Wortassoziationen: Begriffspaare müssen vervollständigt werden (hell : dunkel = warm : ?).
- Textverständnis: Nach dem Lesen eines Textes müssen Fragen zu diesem beantwortet werden.
- Räumliches Denken: Zu einer vorgegebenen zwei- oder dreidimensionalen Figur muss ein durch Drehungen, Spiegelungen passendes Pendant identifiziert werden.
- Mustererkennung: Grafische Muster werden gezeigt, ein unvollständiges Muster muss ergänzt werden.

Kognitive Einzeltests können sehr gut online durchgeführt werden. Sie verursachen bei automatisierter Auswertung geringe Kosten und werden daher für große Zahlen von Bewerbern eingesetzt.

4.5.3 Situative Verfahren

Situative Verfahren, auch **Simulationsansätze** genannt, versuchen, das Verhalten zu erfassen, wie es für die spätere Aufgabenerfüllung als Stelleninhaber erforderlich ist. Als Mittel werden dazu u. a. Arbeitsproben eingesetzt.[63]

Ein eignungsdiagnostischer Erkenntnisgewinn für die Personalauswahl erfordert, dass die simulierten Situationen einen Bezug zur späteren Tätigkeit haben. Simulationsorientierte Ansätze haben eine gute Prognoseleistung, wenn man zudem unterstellen kann, dass das gezeigte Verhalten zeitlich relativ stabil ist und der Bewerber sich so

---

[61] Vgl. Schuler, Das Einstellungsinterview, 2018, S. 28.
[62] Vgl. Kanning, Diagnostik für Führungspositionen, 2018, S. 108 f.
[63] Vgl. Schuler, Das Einstellungsinterview, 2018, S. 28.

verhält, wie er sich auch als zukünftiger Stelleninhaber verhalten würde.[64]

Es gibt eine Vielzahl vorgefertigter situativer Verfahren:[65]

- **Postkorbübung:** Bei dieser Standardübung wird eine Situation simuliert, in welcher der Bewerber als z. B. „Manager" nach einigen Tagen an seinen Arbeitsplatz zurückkehrt und dort 15–20 Vorgänge in seinem Postkorb vorfindet. Dies sind (terminkritische) Briefe, Rundschreiben, Anfragen, Werbung etc. Aufgabe des Bewerbers ist es, unter Zeitdruck für möglichst viele Vorgänge Entscheidungen zu treffen, wobei auch Wechselwirkungen zwischen den Vorgängen existieren können (z. B. „Rundschreiben Neue Urlaubsregelung" und Urlaubsantrag eines Mitarbeiters). Gemessen werden u. a. die Fähigkeit des Bewerbers zur Priorisierung, seine Organisations- und Entscheidungsfähigkeit.[66]
- **Arbeitsproben:** Die Arbeitsprobe stellt eine standardisierte Stichprobe des Verhaltens in der zukünftigen beruflichen Situation dar.[67] Es werden „einzureichende" und „zu leistende" Arbeitsproben unterschieden. Eingereicht werden kann etwa die Leistung von anderen Stellen, z. B. der Journalist, der einige seiner Reportagen vorzeigt. Arbeitsproben geleistet werden bei Probearbeiten, z. B. beim Probekochen als Koch.
- **Situative Fragen:** Sie versetzen Bewerber gedanklich in eine bestimmte Situation und untersuchen die in der Antwort geschilderten Verhaltensweisen auf Angemessenheit und Zielbezug zu den Stellenanforderungen. (Eine Frage könnte lauten: „Wie würden Sie als Führungskraft reagieren, wenn Ihnen ein Mitarbeiter über Mobbing in der Abteilung berichtet?")

Ein großer Vorteil der situativen Verfahren gegenüber den biografischen Verfahren ist, dass Bewerber unabhängig von ihrer konkreten Berufserfahrung an den Übungen teilnehmen können. Beispiel Befragung: Situative Fragen funktionieren nach dem Muster „Wie würden Sie reagieren, wenn …?" Ein Bewerber muss die Situation noch nicht erlebt haben, anders als bei den biografischen Fragen „Wie haben Sie reagiert, als …?".

---

[64] Vgl. Kleinmann, Assessment-Center, 2013, S. 14.
[65] Vgl. Stock-Homburg, Personalmanagement, 2013, S. 179 f.; vgl. Bröckermann, Personalwirtschaft, 2007, S. 135; vgl. Kleinmann, Assessment-Center, 2013, S. 35–47.
[66] Vgl. Kleinmann, Assessment-Center, 2013, S. 39 f.
[67] Vgl. Becker, Personalentwicklung, 2009, S. 460.

4.5.4 Gruppenorientierte Verfahren

Die **gruppenorientierten Verfahren** bewerten mehrere Bewerber gleichzeitig. Von Interesse sind bei diesen Personalauswahlverfahren unter anderem die Interaktion sowie sozial-kommunikative Prozesse in der Gruppe:

- **Rollenspiele:** Rollenspiele simulieren dynamische soziale Prozesse, indem sie mehrere Bewerber in jeweils unterschiedlichen Rollen mit unterschiedlichen Aufträgen berufen. Beispielsweise können so eine Verhandlungssituation oder eine Entscheidung nachgestellt werden. Es handelt sich daher um einen simulationsorientierten Ansatz, bei dem Beobachter das gezeigte Interaktionsverhalten bewerten. Schwierig ist allerdings, zwischen dem (Schau-) Spiel einer Rolle und dem echten Verhalten zu differenzieren.
- **Gruppendiskussionen:** Eine Gruppe von 4–8 Bewerbern erhält ein komplexes Thema, welches durch Diskussionen in der Gruppe bearbeitet wird. Ziel kann z. B. sein, einen Lösungsvorschlag für ein zugrunde liegendes Problem zu erarbeiten. Es sind zwei Arten von Gruppendiskussion denkbar: Die führerlose, bei der alle Teilnehmer formal gleichberechtigt starten, und die Diskussion unter Moderation eines Leiters. Damit alle Bewerber gleich bewertet werden – und die Möglichkeit haben, ihre Moderationskompetenz zu demonstrieren –, findet z. B. alle 20 Minuten ein Wechsel der Leiterrolle statt.[68]

4.5.5 Assessment Center

Das **Assessment Center** (AC) ist ein **kombiniertes Testverfahren**, das in sich mehrere oder alle der bisher genannten Auswahlinstrumente vereint. Der Schwerpunkt des AC liegt jedoch auf den simulationsorientierten Einzel- und Gruppenverfahren.

> **Assessment Center** sind ein- oder mehrtägige multiple diagnostische Verfahren, welche systematisch Verhaltensleistungen bzw. -defizite von mehreren Bewerbern erfassen. Dazu schätzen mehrere Beobachter gleichzeitig für jeden teilnehmenden Bewerber dessen Leistungen nach festgelegten Regeln in Bezug auf vorab definierte Anforderungsdimensionen ein.[69]

Im Assessment Center werden u. a. folgende Übungen genutzt:

- Intelligenztests,
- Postkorbübung,
- Fallstudien,
- Rollenspiele,

---

[68] Vgl. Kleinmann, Assessment-Center, 2013, S. 35–37.
[69] In enger Anlehnung an: Kleinmann, Assessment-Center, 2013, S. 2.

- Gruppendiskussionen,
- Präsentationen,
- Bewerberinterview.

Das organisatorische Vorgehen ist dabei, dass ein Beobachter z. B. einen bestimmten Einzeltest der Reihe nach mit allen Bewerbern durchführt. Dies stellt sicher, dass die Bewertung der gezeigten Leistungen einheitlich erfolgt. In der Zwischenzeit sind die Mitbewerber bei anderen Übungen.

Als einer der Erfolgsfaktoren einer validen AC-Gestaltung gilt, lieber wenige Anforderungsdimensionen der Personalauswahl zu untersuchen und diese dafür mit verschiedenen Tests zu beleuchten. Dies steigert die Aussagekraft der Ergebnisse.[70]

Vorteile	Nachteile
- Systematischer Ablauf, gut vorzubereiten. - Fokussiert auf stellen- bzw. berufsrelevantes Verhalten. - Mehrfache Erfassung derselben Eignung führt zu verlässlicher Prognose. - Objektiviertes Urteil durch Einsatz mehrerer Beobachter. - Direkte Vergleichsmöglichkeit zwischen Bewerbern.	- Hoher Vorbereitungs- und Durchführungsaufwand. - Sehr kostenintensiv wegen des hohen Personalbedarfs und Raumkosten für das AC. - Zu beobachtende Kriterien müssen zur Sicherung der Berufsrelevanz je Stellenart individuell vorbereitet werden. - Standardübungen passen scheinbar nicht zur Stelle und werden dann vom Bewerber nicht akzeptiert (Postkorb). - Verzerrende Effekte (erster Eindruck) sind nicht auszuschließen.

Tabelle 5: Vor-/Nachteile des Assessment Centers

Zur Verminderung der Kosten gehen Unternehmen inzwischen zu Online-Assessment-Centern über, wobei dort manche gruppenbezogene Übung nicht wie bisher umsetzbar ist.

4.5.6 Multimodales Interview

Die Schwächen des klassischen Vorstellungsgesprächs wurden oben bereits skizziert. Unter anderem, um diese zu überwinden und um durch eine Kombination verschiedener Ansätze eine höhere Validität der Eignungsdiagnostik zu erreichen, hat hauptsächlich *Heinz Schuler*

---

[70] Vgl. Kleinmann, Assessment-Center, 2013, S. 34.

4.5 Instrumente der Personalauswahl

Anfang der 1990er-Jahre das sog. **Multimodale Interview** (MMI[71]) entwickelt.

Das Multimodale Interview verfolgt einen sog. **trimodalen Ansatz** der Eignungsdiagnostik. Dazu kombiniert das Interview die aus anderen Instrumenten der Personalauswahl einzeln bekannten Ansätze des Eigenschaftsansatzes, Simulationsansatzes und biografischen Ansatzes.[72]

Bei der Durchführung des Multimodalen Interviews sind immer acht Phasen in festgelegter Reihenfolge zu durchlaufen:

1. Gesprächsbeginn
2. Selbstvorstellung des Bewerbers
3. Berufsorientierung und Organisationswahl
4. Freies Gespräch
5. Biografische Fragen
6. Realistische Tätigkeitsinformation
7. Situative Fragen
8. Gesprächsabschluss

Der Zeitaufwand liegt bei mindestens 30, höchstens 90 Minuten. Die Inhalte der Phasen sind:[73]

- **Gesprächsbeginn:** Es wird eine freundliche Gesprächsatmosphäre zwischen den Beteiligten geschaffen. Nach kurzem Small Talk (Bei Präsenzinterview z. B.: „Haben Sie gut hergefunden?") stellen sich die (üblicherweise zwei) Interviewer kurz vor und geben einen Überblick über das weitere Verfahren (Zeitdauer etc.). Es findet keine Bewertung des Bewerbers statt, damit soll der „erste Eindruck" als Fehlerquelle ausgeblendet werden.
- **Selbstvorstellung des Bewerbers:** Das Wort geht an den Bewerber über, der sich nun selbst vorstellt. Dazu gehören Ausbildung und berufliche Entwicklung, Motivation zur Bewerbung und Bewerbungsentschluss, ggf. auch die aktuelle persönliche Situation. Es wird erwartet, dass Bewerber sich über das Unternehmen und eine (vergleichbare) Stelle informieren. Aussagen hierzu ergänzen die Selbstvorstellung. Die Bewertung erfolgt einmal anhand vorgefertigter, abgestufter Musteraussagen (z. B. Schlüssigkeit der Bewerbungsmotivation), andererseits summarisch (Gesamteindruck).
- **Berufsorientierung und Organisationswahl:** Der Bewerber wird zu seiner Berufswahl und den bisherige Karrierestationen befragt. Typische Fragen sind: „Welcher Beruf wäre noch für Sie interessant gewesen?" „Was glauben Sie, wie werden Ihre Aufgaben in der

---

[71] Das MMI/Multimodale Interview ist als Marke geschützt.
[72] Vgl. Schuler, Das Einstellungsinterview, 2018, S. 28 f.
[73] Vgl. Stock-Homburg, Personalmanagement, 2013, S. 184; vgl. Bröckermann, Personalwirtschaft, 2007, S. 122 f.

neuen Stelle bei uns aussehen?" Eine Bewertung erfolgt anhand vorgefertigter, abgestufter Musteraussagen.
- **Freies Gespräch:** Die Interviewer stellen Fragen, die sich aus den Bewerbungsunterlagen sowie den Aussagen zu Berufsorientierung und Organisationswahl ergeben haben. Fragen sollen bewusst offen gestellt werden, damit der Bewerber ausführlich antworten kann und einen hohen Redezeitanteil erhält. Die Bewertung in dieser Phase erfolgt summarisch.
- **Biografische Fragen:** Inhalte dieser Phase orientieren sich am biografischen Fragenbogen, der oben bereits dargestellt wurde.[74]
- **Realistische Tätigkeitsinformation:** Die Interviewer präsentieren weitere Detailinformationen zur Stelle und zum Unternehmen. In einer positiven, aber den tatsächlichen Gegebenheiten entsprechenden Darstellung wird so auch die Informationsbasis des Bewerbers weiter verbessert. Dies dient einer positiven „Candidate Experience"[75] und soll dem Bewerber Sicherheit geben, dass seine Bewerbung richtig war. Zu vermeiden ist, dass ein Bewerber nach Arbeitsantritt nach kurzer Zeit wieder ausscheidet, während zuvor den anderen Bewerbern die Absagen zugestellt wurden. In dieser Gesprächsphase wird der Bewerber nicht bewertet.
- **Situative Fragen:** Inhalte dieser Phase orientieren sich an den simulationsorientierten Fragen der situativen Verfahren.[76]
- **Gesprächsabschluss:** Das Gespräch soll einen positiven Ausklang finden. Die Interviewer danken für das Gespräch und geben aktiv Informationen zum weiteren Verfahren (Wann kommt eine Rückmeldung?). Der Bewerber bekommt seinerseits die Gelegenheit, noch evtl. offene Punkte anzusprechen. Sofern bei den Tätigkeitsinformationen (Phase 6) nicht besprochen, sollten die Interviewer mit der Frage nach dem Entgelt rechnen. Das Gespräch endet mit einer Verabschiedung. Wichtig ist, dass sich die Interviewer – auch bei sehr guten Bewerbern – nicht zu einer Aussage hinsichtlich Zusage/Ablehnung hinreißen lassen! Bewerberdiagnostik und Auswahlentscheidung sind weiterhin zu trennen.

Von den acht Gesprächsteilen gehen nur fünf in die diagnostische Wertung ein: Selbstvorstellung (2), Berufsorientierung und Organisationswahl (3), freier Gesprächsteil (4), biografiebezogene Fragen (5) und situative Fragen (7).[77]

---

[74] Siehe Kap. 4.5.1.
[75] Siehe Kap. 3.6.
[76] Siehe Kap. 4.5.3.
[77] Vgl. Kleinmann, Assessment-Center, 2013, S. 4.

Vorteile	Nachteile
• Hohe Validität als Instrument. • Ähnlich gute Resultate wie ein Assessment-Center, aber kostengünstiger. • Wird von Bewerbern als „fair" erlebt.	• Schulung der Interviewer erforderlich. • Geschütztes Konzept.

Tabelle 6: Vor-/Nachteile des Multimodalen Interviews

4.6 Auswahlentscheidung und Vertragsangebot

Die Personalauswahl hat durch ihr Vorgehen im Sinne des Siebmodells Bewerber vom weiteren Auswahlprozess ausgeschlossen und über die verbliebenen potenziellen Mitarbeiter weitere Informationen gesammelt. Unter den verbliebenen Bewerber ist nun eine finale Auswahlentscheidung herbeizuführen.

Drumm formuliert einen Entscheidungsansatz, der in drei Schritten mit jeweils einer klaren Bedingung funktioniert:[78]

1. Unter allen Anforderungen der Stelle werden einige K.O.-Kriterien ausgewählt und mit Mindestausprägungen versehen. Bewerber, die diese Mindestausprägungen nicht erreichen, scheiden aus. Die anderen kommen einen Schritt weiter.
2. Für jede Anforderungskategorie der Stelle werden nun Mindest- und Höchstniveau bestimmt. Bewerber, die mit ihren Fähigkeiten außerhalb dieser Spanne liegen, scheiden aus. Sowohl Unter- als auch Überqualifikation werden so vermieden. Bewerber innerhalb der Spanne kommen einen Schritt weiter.
3. Der Bewerber mit dem besten Ergebnis bei allen Anforderungskategorien wird ausgewählt.

Die ausgeschiedenen Bewerber erhalten eine Absage. Diese Schreiben sind wertschätzend zu formulieren und zeitnah zu versenden, sodass die bisherige positive Candidate Experience nicht verschlechtert wird.

---

[78] Vgl. Drumm, Personalwirtschaft, 2007, S. 304.

> **Rechtliche Aspekte der Absage**
>
> Teil der Wertschätzung für abgelehnte Bewerber ist auch, diesen die Gründe für die negative Entscheidung mitzuteilen. Das Allgemeine Gleichbehandlungsgesetz (AGG) ist dabei zu beachten, um nicht Entschädigung oder Schadensersatz nach § 15 AGG auszulösen.
>
> Aus der Absage soll klar hervorgehen, dass der Bewerber nicht oder nicht voll den fachlich-qualifikatorischen Anforderungen der Stelle entsprochen hat. Wurde die Personalauswahl mit Einzel- oder Gruppentests durchgeführt, kann das Ergebnis für die Begründung mit übermittelt werden („Sie haben mit Ihrem Testergebnis gut abgeschnitten, aber es gab zwei Mitbewerber, die besser waren.").
>
> **Keinesfalls** dürfen im Absagescheiben Floskeln verwendet werden, die auf eine **Diskriminierung im Sinne des AGG** schließen lassen. Verboten sind Bezugnahmen auf Rasse oder ethnische Herkunft, Geschlecht, Religion oder Weltanschauung, Behinderung, Alter sowie die sexuelle Orientierung.
>
> Guter Stil ist zudem, darauf hinzuweisen, was mit den Bewerbungsunterlagen passiert ist, z. B. dass diese vollständig gelöscht wurden.

Mit der Auswahl eines Bewerbers und der Unterbreitung eines **Arbeitsvertragsangebots** an diese Person endet der Recruiting-Prozess formal. Auch wenn die Personalauswahl mit großem Aufwand und unter Beachtung methodischer Standards durchgeführt wurde, sind Auswahlentscheidungen immer mit einem Rest-Fehlerrisiko verbunden. Der angebotene Arbeitsvertrag sollte daher unbedingt eine **Regelung zur Probezeit** enthalten.

> **Exkurs**
>
> Bei der Vertragsgestaltung ist eine Probezeit zu benennen. Eine Kündigung während der maximal sechsmonatigen Probezeit kann nämlich nur erfolgen, wenn eine solche Probezeit explizit vereinbart wurde oder sich schlüssig ergibt.[79]

---

[79] Vgl. Maiß/von Ameln, Probezeit professionell gestalten, 2015, S. 161

4.7 Kontrollfragen

Nachdem Sie das Kapitel bearbeitet haben, sollten Sie folgende Aufgaben beantworten können:

K 4-01 Die Personalauswahl findet häufig nach dem „Siebmodell" statt (auch „Trichtermodell" genannt). Beschreiben Sie das Modell und seine Phasen.

K 4-02 Welche Probleme können bei einem unstrukturierten Vorstellungsgespräch auftreten und welche Maßnahmen zur Vermeidung dieser Probleme kennen Sie?

K 4-03 Nennen Sie die acht Phasen des multimodalen Interviews und stellen Sie ausführlich dar, welche Gesprächsinhalte in den Phasen vorgesehen sind.

K 4-04 Erläutern Sie den Begriff des Assessment Center. Stellen Sie dar, in welchen Phasen es durchgeführt wird und welche Vor- und Nachteile mit ihm verbunden sind.

5 Arbeitszeit und Entlohnung

Arbeitszeit und Entgelt der Mitarbeiter sind wichtige Parameter des Personalmanagements. Die konkreten Regelungen zur Arbeitszeit bestimmen die Leistungskapazität eines Unternehmens ebenso wie dessen Möglichkeiten, zeitlich flexibel auf Kundenwünsche zu reagieren. Das Entgelt bestimmt wesentlich die Kostenstruktur des Unternehmens.

Das Personalmanagement legt unter Beachtung geltender Arbeits- und Mitbestimmungsgesetze mit den **Arbeits- und Betriebszeiten** den wesentlichsten Rahmenparameter der Produktions- bzw. Leistungsmöglichkeiten des Unternehmens fest. Im Produktionsunternehmen determinieren die Anzahl der Schichten sowie die Arbeitszeit je Schicht die Produktionszeit, im Dienstleistungsunternehmen definiert dies die Öffnungs- und Servicezeiten. Dabei stehen die Ziele des Unternehmens und die der Mitarbeiter in einem Widerspruch: Während das Unternehmen möglichst lange und planbare Arbeitszeiten will, bevorzugen Mitarbeiter sozial verträgliche und flexible Arbeitszeiten.

Die **Entlohnung** bezeichnet die materielle Gegenleistung des Unternehmens für die geleistete Arbeit des Personals. Regelungen zur Entlohnung sind sorgsam festzulegen, da mit ihnen einerseits Steuerungswirkungen auf das (Leistungs-)Verhalten der Mitarbeiter verbunden sind und andererseits die Personalkosten determiniert werden. Diese machen in Dienstleistungsunternehmen üblicherweise den größten Kostenblock aus.

Lernziele

Dieses Kapitel vermittelt Ihnen wesentliche Arbeitszeit- und Entlohnungsformen. Ziele des Textstudiums sind:
- Sie können den Inhalt und die Ziele des Arbeitszeitmanagements sowie dessen rechtliche Rahmenbedingungen erläutern.
- Sie kennen verschiedene Arbeitszeitmodelle.
- Sie können die Entlohnungsmodelle Zeitlohn, Akkordlohn und Prämienlohn inhaltlich erklären und Aussagen zu typischen Anwendungsfällen sowie der Wirkungsweise auf die Leistung der Mitarbeiter machen.

5.1 Arbeitszeitmanagement

Das **Arbeitszeitmanagement** legt unter Beachtung der gesetzlichen, tarifvertraglichen und betriebsindividuellen Rahmenbedingungen fest, in welchem Umfang und zu welchen Zeiten das Personal dem Unternehmen zur Verfügung steht. Ziel des Arbeitszeitmanagements ist es, mit dem Einsatz verschiedener Arbeitszeitmodelle zur flexiblen Leistungserstellung des Unternehmens einen Beitrag zu leisten. Man will:[80]

- Die Betriebszeit so ausweiten, dass Maschinen und andere Betriebsmittel (z. B. Ladenlokal) bestmöglich genutzt werden können. Dazu ist eine Entkoppelung individueller Arbeitszeiten und der Betriebszeit erforderlich, d. h., Betriebsmittel werden länger und zu anderen Zeiten genutzt, als es der Arbeitszeit eines individuellen Mitarbeiters entspricht.
- Die Arbeitszeiten so gestalten, dass die sozialen Bedürfnisse der Mitarbeiter beachtet werden und Mitarbeiter weitgehende Zeitsouveränität hinsichtlich der Dauer und Lage von Arbeitszeit und Freizeit genießen.
- Der Personaleinsatzplanung ein derartig differenziertes Instrumentarium liefern, damit diese zu jedem Zeitpunkt eine bestmögliche Übereinstimmung zwischen benötigtem Arbeitskräftepotenzial und anwesenden Arbeitskräften gewährleisten kann.

> Der stationäre Buchhandel ist besonders beratungs- und damit personalintensiv. Die Buchhandelskette Thalia bietet „Service on Demand", d. h., wenn ein Kunde Fragen hat, soll ein Mitarbeiter verfügbar sein. Daher versucht das Unternehmen, in Abhängigkeit von Wochentag und Kundenfrequenz nur die wahrscheinlich benötigten Mitarbeiter einzusetzen. Diese Flexibilität schafft ein Arbeitszeitmanagement, welches bei

---

[80] Vgl. Bröckermann, Personalwirtschaft, 2007, S. 196; Bühner, Personalmanagement, 2005, S. 186 f.

5.1 Arbeitszeitmanagement

Thalia aus einigen flexiblen Grundmodellen insgesamt 400 verschiedene Arbeitszeitmodelle kreiert hat.[81] Das Ziel, immer die benötigten Mitarbeiter einsetzen zu können und dabei weitgehend auf kostenintensive Überstunden zu verzichten, wurde erreicht.

5.1.1 Grundlagen des Arbeitszeitmanagements

Das **Arbeitszeitmanagement** will die Vorstellungen des Unternehmens nach möglichst flexiblen Einsatzzeiten der Mitarbeiter realisieren. Dabei sind neben gesetzlichen und tarifrechtlichen Vorschriften die Wünsche der Mitarbeiter nach sozial verträglichen Arbeitszeiten sowie die Erkenntnisse der Arbeitsmedizin zu berücksichtigen.

Arbeitszeit ist diejenige Zeit, die das Personal dem Unternehmen zur Verfügung steht, um Weisungen des Arbeitgebers auszuführen. Man unterscheidet die nominale und die effektive Arbeitszeit:[82]

- Die **nominale Arbeitszeit** entspricht der auf Grundlage des Arbeitsvertrages zugesicherten Arbeitszeit des Personals.
- Die **effektive Arbeitszeit** ist die tatsächliche Zeit, die das Personal dem Unternehmen zur Verfügung steht. Sie entspricht der nominalen Arbeitszeit abzüglich des Erholungsurlaubs sowie der unbeeinflussbaren (z. B. Feiertage) und beeinflussbaren (z. B. Unfall) Ausfallzeiten.

Die nominale Arbeitszeit wird **periodenbezogen** erbracht, z. B. als Tages-, Wochen- oder Jahresarbeitszeit. Sie wird konkretisiert über die Dauer und Lage der Arbeitszeit.

- **Dauer** der Arbeitszeit (sog. **Chronometrie**): Sie bestimmt, **wie lange** innerhalb welcher Zeitperiode gearbeitet wird (z. B. 5 Tage die Woche, 8 Stunden am Tag).
- **Lage** der Arbeitszeit (sog. **Chronologie**): Sie bestimmt, **wann** gearbeitet wird (z. B. in Schichten, wann diese beginnen und enden).

Da Chronometrie und Chronologie der Arbeitszeit wesentlich das Familien- und Sozialleben der Mitarbeiter bestimmen, kann der Arbeitgeber diesbezügliche Entscheidungen im mitbestimmten Unternehmen nicht alleine treffen: Er muss zwingend die Zustimmung des Betriebsrates einholen (§ 87 Abs. 1 Nr. 2 BetrVG).

Entscheidungen zu Chronometrie und Chronologie betreffen:
- **Vollzeitarbeit**: Es wird die arbeitsvertragliche vorgesehene Arbeitszeit nominal geleistet.

---

[81] Vgl. Jäger, Personaleinsatzplanung, 2009, S. 94 sowie Hillemeyer, Arbeitszeit, 2006, S. 47.
[82] Vgl. Drumm, Personalwirtschaft, 2008, S. 146.

- **Teilzeitarbeit**: Wird weniger als Vollzeit gearbeitet, handelt es sich um Teilzeitarbeit. Diese kann von 1 % bis 99 % der entsprechenden täglichen, wöchentlichen bzw. jährlichen Vollzeitarbeit reichen.
- **Schichtarbeit**: Zur Ausweitung der Betriebszeit wird Vollzeitarbeit nicht nur als starre Einschicht-Arbeit erbracht. Starre Einschicht-Arbeit heißt, die Arbeit beginnt und endet werktäglich zur gleichen Zeit und außerhalb dieses Zeitfensters ruht der Betrieb. Bei Schichtarbeit wird die angestrebte Betriebszeit (z. B. 24 Std./Tag) auf gleich lange Zeitfenster, die sog. Schichten, verteilt (z. b. im Dreischicht-Betrieb: 8 Stunden je Schicht).

5.1.2 Gesetzlicher Arbeitszeitrahmen

Die zentrale rechtliche Vorschrift des Arbeitszeitmanagements ist das **Arbeitszeitgesetz (ArbZG)**. Dort finden sich Regelungen für die Dauer der Arbeitszeit, zu notwendigen Pausen, der Nachtarbeit etc. Das Arbeitszeitgesetz gilt für **Arbeiter** und **Angestellte** sowie die zu ihrer **Berufsausbildung Beschäftigten** (§ 2 Abs. 2 ArbZG). Es gilt z. b. nicht für Beamte, Soldaten.

Ergänzt wird das Arbeitszeitgesetz durch das **Teilzeit- und Befristungsgesetz (TzBfG)** sowie das **Bundesurlaubsgesetz (BUrlG)**. Das erste Gesetz regelt im deutschen Arbeitsrecht das Recht der Teilzeitarbeitsverhältnisse und der befristeten Beschäftigung und ist wichtig für die Flexibilisierung der Arbeitszeitmodelle. Das Bundesurlaubsgesetz enthält Bestimmungen zum Erholungsurlaub der Arbeitnehmer.

Tarifverträge enthalten als wesentlichsten Regelungsgegenstand Angaben zur Dauer der regelmäßigen wöchentlichen oder monatlichen Arbeitszeit. Diese Regelungen sind für die Arbeitnehmer günstiger als die gesetzlichen Regelungen und bei Existenz entsprechend zu beachten.

Auf betrieblicher Ebene ist in mitbestimmten Unternehmen bei Chronometrie und Chronologie der Arbeitszeit, wie im vorherigen Punkt erläutert, zudem § 87 Abs. 1 **Betriebsverfassungsgesetz** zu beachten. Mittels **Betriebsvereinbarungen** können die in Tarifverträgen mit Öffnungsklausel genannten Arbeitszeiten durch Arbeitgeber und Betriebsrat individuell geregelt werden.

Je nach Personalgruppe gelten weitere, ergänzende Schutzvorschriften für diese. Ein Beispiel ist das **Jugendarbeitsschutzgesetz (JArbSchG)** für Beschäftigte unter 18 Jahren.

Die folgenden Unterpunkte gehen auf Dauer, Lage und Pausen, besondere Schutzvorschriften und die allgemeine Urlaubsregelung nach ArbZG und BUrlG ein.

5.1 Arbeitszeitmanagement

5.1.2.1 Dauer, Lage und Pausen

Das Arbeitszeitgesetz setzt nur den Rahmen, der zum Schutz der Arbeitnehmer nicht verletzt werden darf. Das Gesetz schreibt nicht die konkrete Arbeitszeit des einzelnen Beschäftigten vor. Die tatsächliche Arbeitszeit der Beschäftigten ist in aller Regel kürzer, als das Arbeitszeitgesetz es zulassen würde.

Gemäß Arbeitszeitgesetz gilt:

- Die **tägliche Arbeitszeit** ist die Zeit zwischen dem Beginn und Ende der Arbeit ohne die Ruhepausen.[83]
- Die Arbeitszeit eines Beschäftigten ist je **Werktag** auf grundsätzlich **acht Stunden** begrenzt. Arbeitszeiten bei mehreren Arbeitgebern sind zusammenzurechnen.
- Eine **Verlängerung** der werktäglichen Arbeitszeit auf **bis zu zehn Stunden** ist möglich (sog. Mehrarbeit). Für Arbeitszeiten über acht Stunden hinaus muss innerhalb von sechs Monaten ein **Ausgleich** auf durchschnittlich acht Stunden werktäglich geschaffen werden.
- Nach werktäglichem Arbeitsende besteht Anspruch auf eine ununterbrochene **Ruhezeit** von **elf Stunden**.
- Nach spätestens sechs Stunden ist eine **Ruhepause** zu gewähren. Bei einer werktäglichen Arbeitszeit von 6 bis 9 Stunden betragen die Ruhepausen insgesamt mindestens 30 Minuten, bei über 9 Stunden mindestens 45 Minuten. Das Zeitfenster einer Ruhepause muss mindestens 15 Minuten betragen.
- Als **Nachtarbeit** wird Arbeit zwischen 23 und 6 Uhr gewertet, die in dieser Zeit mehr als zwei Stunden umfasst.[84] Die Nachtarbeitszeit beträgt ebenso regelmäßig acht Stunden. Sie kann auf bis zu zehn Stunden verlängert werden, darf allerdings im Schnitt des Kalendermonats acht Stunden täglich nicht überschreiten. Wer regelmäßig Nachtarbeit leistet (erfüllt ab 48 Kalendertagen Nachtarbeit im Jahr), gilt als Nachtarbeiter und steht unter einem besonderen gesundheitlichen Schutz.
- An **Sonn- und gesetzlichen Feiertagen** dürfen Arbeitnehmer nicht beschäftigt werden, § 9 ArbZG. Das ArbZG definiert in § 10 ArbZG jedoch weitreichende Ausnahmen für bestimmte Branchen (z. B. Rettungsdienste) und Zwecke (z. B. produktionstechnische Erfordernisse).

Beginn und Ende der täglichen Arbeitszeit sind nicht im Gesetz geregelt und werden üblicherweise auch nicht vom Tarifvertrag erfasst. Sie sind in Betriebsvereinbarungen enthalten.

---

[83] Im Bergbau unter Tage gelten auch Ruhepausen als Arbeitszeit, § 2 Abs. 1 Satz 2 ArbZG.
[84] Für Bäckereien und Konditoreien gilt als Nachtzeit die Spanne zwischen 22 Uhr und 5 Uhr, § 2 Abs. 3 ArbZG.

> **Mehrarbeit** ist die Arbeitszeit, die über die tägliche maximale Arbeitszeit von acht Stunden hinausgeht und innerhalb von sechs Monaten ausgeglichen werden muss. Mehrarbeit hat keinen Bezug zur Vergütung.
> Beispiel: Der Arbeitsvertrag sieht an vier Tagen der Woche eine Arbeitszeit von 10 Stunden vor. Die tägliche Mehrarbeit von zwei Stunden wird ausgeglichen, indem weitere Werktage der Woche arbeitsfrei sind.
> **Überstunden** sind die Arbeitszeiten, die über die vertraglich vereinbarte Arbeitszeit hinausgehen. Überstunden werden vom Arbeitgeber angeordnet oder von ihm geduldet. Überstunden werden vergütet.
> Beispiel: Der Arbeitsvertrag sieht eine werktägliche Arbeitszeit von acht Stunden vor. Aufgrund „dringender betrieblicher Erfordernis" ordnet der Arbeitgeber in einer Woche täglich zwei zusätzliche Überstunden an. Die zusätzlich geleisteten 10 Arbeitsstunden sind Überstunden.

5.1.2.2 Besondere Schutzvorschriften

Für einzelne Personalgruppen bestehen besondere Schutzvorschriften. Damit soll im Grundgedanken stets die Gesundheit der betroffenen Arbeitnehmer vor Schädigung geschützt werden. Vorgestellt werden hier die Regelungen der Arbeitszeit bei

- Jugendlichen unter 18 Jahren,
- Schwangeren und Stillenden,
- Nachtarbeitnehmern.

Das **Jugendarbeitsschutzgesetz (JArbSchG)** enthält besondere Schutzvorschriften für Arbeitnehmer, Auszubildende und Personen in einem ausbildungsähnlichen Arbeitsverhältnis unter 18 Jahren.

- Die **maximale tägliche Arbeitszeit** beträgt **8 Stunden**, die maximale wöchentliche Arbeitszeit 40 Stunden.
- Die werktägliche Arbeitszeit darf auf **8,5 Stunden verlängert** werden, wenn sie an anderen Werktagen **der gleichen Woche ausgeglichen** wird.
- Nach werktäglichem Arbeitsende besteht Anspruch auf eine ununterbrochene **Ruhezeit** von **12 Stunden**.
- Nach spätestens 4,5 Stunden ist Jugendlichen eine **Ruhepause** zu gewähren. Bei einer Arbeitszeit von mehr als 4,5 Stunden sind Ruhepausen von mindestens 30 Minuten, bei einer Arbeitszeit von mehr als 6 Stunden Ruhepausen von mindestens 60 Minuten vorzusehen. Die Dauer einer Pause muss mindestens 15 Minuten betragen.
- **Nachtarbeit** ist im Grundsatz **nicht erlaubt**. Ausnahmen gibt es für Jugendliche über 16 Jahren. Diese dürfen vor 6 Uhr bzw. nach 20 Uhr beschäftigt werden. Die genauen Zeiten bestimmt §14 JArbSchG.
- Jugendliche dürfen nur 5 Tage pro Woche arbeiten, die zwei freien Tage sollen hintereinander liegen. **Samstags- und Sonntagsarbeit**

5.1 Arbeitszeitmanagement

ist grundsätzlich **zu vermeiden, aber** in bestimmten Branchen (z. B. Landwirtschaft, Gaststätten) **möglich**.

Die Arbeitszeiten in **Schwangerschaft und Stillzeit** sind gemäß **Mutterschutzgesetz (MuSchG)** ebenfalls beschränkt.

- Eine werdende oder stillende Mutter darf nicht länger als **8,5 Stunden am Tag** oder 90 Stunden in der Doppelwoche beschäftigt werden.
- Ist die werdende oder stillende Mutter **noch keine 18 Jahre** alt, darf sie **nur 8 Stunden pro Tag** oder 80 Stunden in der Doppelwoche beschäftig werden.
- **Nachtarbeit** zwischen 20 Uhr und 6 Uhr sowie die **Arbeit an Sonntagen** und **gesetzlichen Feiertagen** ist für Schwangere und Stillende im Grundsatz **nicht erlaubt**. Für bestimmte Branchen existieren leichte Ausnahmen.

Für **Nachtarbeitnehmer** gelten ebenfalls besondere Schutzvorschriften: Zum einen haben diese das Recht, sich auf Kosten des Arbeitgebers arbeitsmedizinisch untersuchen zu lassen. Zum anderen besteht in den abschließend im Gesetz unter §6 Abs. 4 ArbZG genannten Fällen der Anspruch, auf einen Tagesarbeitsplatz versetzt zu werden – sofern dem nicht besondere betriebliche Erfordernisse entgegenstehen. Die Fälle sind:

- Die weitere Fortsetzung der Nachtarbeit gefährdet den Arbeitnehmer in seiner Gesundheit.
- Im Haushalt des Arbeitnehmers lebt ein Kind unter 12 Jahren, das nicht von einem anderen Haushaltsangehörigen betreut werden kann.
- Der Arbeitnehmer versorgt einen pflegebedürftigen Angehörigen und die Pflege kann nicht durch einen anderen Haushaltsangehörigen geleistet werden.

5.1.2.3 Urlaubsregelung

Das **Bundesurlaubsgesetz (BUrlG)** regelt die Mindestansprüche zum bezahlten Erholungsurlaub in Deutschland. Tarifvertrag oder Arbeitsvertrag können günstigere Regelungen für den Arbeitnehmer enthalten, jedoch keine schlechteren.

> **Bezahlter Erholungsurlaub** bedeutet die Freistellung des Arbeitnehmers von allen Pflichten aus dem Arbeitsverhältnis unter Fortzahlung der Bezüge.

Jeder Arbeitnehmer hat einen minimalen Anspruch auf bezahlten Erholungsurlaub von **24 Werktagen** im Jahr, wenn er in einer **Sechs-Tage-Woche** arbeitet. Sieht der Arbeitsvertrag eine kürzere Arbeitswoche vor, wird der Urlaubsanspruch entsprechend heruntergerechnet: Bei einer Fünf-Tage-Woche liegt der gesetzliche Urlaubsanspruch bei 20 Werktagen. Für den **vollen Urlaubsanspruch** muss das Beschäftigungsverhältnis bereits **sechs Monate** bestehen („Karenzzeit").

Urlaub darf nicht eigenmächtig genommen oder verlängert werden. Dies ist ein Kündigungsgrund. Vielmehr weist der Arbeitgeber unter Berücksichtigung der Wünsche des Arbeitnehmers Urlaubszeiten zu. Urlaub muss im jeweiligen Jahr genommen werden. Nur in besonderen Fällen darf der Urlaub in das erste Quartal des Folgejahres übertragen werden.

> Der Urlaub dient der Erholung des Beschäftigten und damit seiner Gesunderhaltung. Aus diesem Grund:
> - ist es Arbeitnehmern verboten, während des Urlaubs für ein anderes Unternehmen zu arbeiten;
> - müssen Arbeitnehmer nicht während des Urlaubs auf Anrufe/Mails reagieren;
> - muss der Arbeitgeber mindestens einem zusammenhängenden Urlaub von 12 Werktagen im Jahr zustimmen. Kürzere Urlaubszeiten sind für den Arbeitnehmer möglich.

5.1.3 Arbeitszeitmodelle

Im Folgenden werden die wesentlichen Arbeitszeitmodelle vorgestellt. Diese sind:

- Starres Arbeitszeitmodell
- Gleitendes Arbeitszeitmodell
- Vertrauensarbeitszeit
- Kapazitätsorientierte variable Arbeitszeit (Kapovaz)

5.1.3.1 Starres Arbeitszeitmodell

Kennzeichen des **starren Arbeitszeitmodells** ist, dass Beginn und Ende der Arbeitszeit für die betroffenen Mitarbeiter einheitlich geregelt sind. Daraus ergeben sich folgende Wesensmerkmale des starren Systems:[85]

- **Uniformität:** Das Arbeitszeitmodell ist für alle Mitarbeiter einheitlich und gleichartig.
- **Gleichzeitigkeit:** Die Mitarbeiter des Arbeitszeitmodells beginnen und beenden zur gleichen Zeit die Arbeit.
- **Präsenz:** Während der starren Arbeitszeit kann mit der vollen Anwesenheit der Mitarbeiter geplant werden.
- **Pünktlichkeit:** Arbeitsbeginn und -ende sind exakt terminiert.

---

[85] In Anlehnung an Bühner, Personalmanagement, 2005, S. 188 und die dort genannte Literatur.

- **Fremdsteuerung:** Der Einzelne hat keinen Einfluss auf die Arbeitszeiten.
- **Geschlossenheit:** Ausnahmen und Abweichungen vom starren Arbeitszeitmodell sind nicht vorgesehen.

Starre Arbeitszeitmodelle sind weit verbreitet. Sie kommen immer dann zum Einsatz, wenn das Unternehmen die Anwesenheit der Mitarbeiter zu bestimmten Zeiten sicherstellen muss, damit die Arbeitsaufgaben ausgeführt werden können. Beispielhaft ist dies bei einer als Fließfertigung mit festen Taktzeiten organisierten Produktionslinie[86] oder bei einem Dienstleistungsunternehmen mit festen Servicezeiten im Kundenkontakt der Fall.

5.1.3.2 Gleitende Arbeitszeit

Das Modell der **gleitenden Arbeitszeit** (kurz: **Gleitzeit**) definiert eine sog. **Kernzeit**, zu der die Beschäftigten anwesend sein müssen und um diese herum sog. **Gleitzeitspannen**, in denen gearbeitet werden kann. Die persönliche Arbeitszeit wird so rund um die Kernzeit flexibel gestaltbar. Damit sucht dieses Modell den Kompromiss zwischen den Anforderungen des Unternehmens (verlässliche Personalkapazität im Betrieb) und dem Wunsch nach Zeitsouveränität der Mitarbeiter.

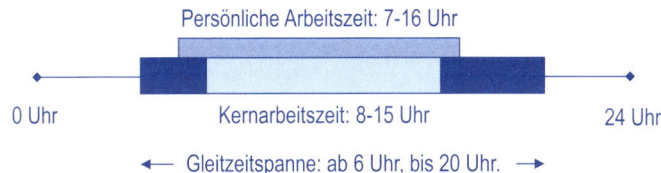

Abbildung 11: Beispiel eines Gleitzeitmodells

Da die Einführung von Gleitzeit die Lage (Chronologie) der Arbeitszeit bestimmt, hat der Betriebsrat bei Einführung, Änderung und Abschaffung der gleitenden Arbeitszeit ein Mitbestimmungsrecht nach § 87 Abs. 1 Nr. 2 BetrVG.

> In der Corona-Pandemie 2020 haben Unternehmen schnell die Vorzüge der Gleitzeit entdeckt: Mit diesem Arbeitszeitmodell konnten Beschäftigte eigenverantwortlich ihre Anwesenheitszeiten im Betrieb so legen, dass gemeinsame Aufenthalte mit Kollegen minimiert wurden. Zudem können Wegzeiten zum Betrieb außerhalb der „Rush-Hour" mit dem öffentlichen Personennahverkehr absolviert werden.

---

[86] Zu den Formen der Arbeitsorganisation vgl. Träger, Organisation, 2018, S. 207–211.

5.1.3.3 Vertrauensarbeitszeit

Das Konzept der **Vertrauensarbeitszeit** flexibilisiert die Arbeitszeiten derart, dass der Mitarbeiter weitgehend die **Zeitsouveränität** innehat. Bei einer Vertrauensarbeitszeit hat der Beschäftigte die arbeitsvertraglich geschuldete Zeit für den Arbeitgeber zu erbringen. Die **Lage und Dauer der Arbeitszeit** sind aber aus Sicht des Arbeitgebers **nicht mehr wesentlich**, er kontrolliert diese nicht aktiv, sondern vertraut den Beschäftigten. Wichtiger wird dafür das Arbeitsergebnis. Die Steuerung der Mitarbeiter erfolgt über **Zielvereinbarungen**.

Obwohl bei diesem Arbeitszeitmodell die genauen Arbeitszeiten gerade nicht erfasst werden müssten, ist dies aus rechtlichen Gründen geboten: Der **Arbeitgeber** ist für die **Einhaltung rechtlicher Vorgaben** (z. B. maximale werktägliche Arbeitsdauer gemäß ArbZG) verantwortlich. Daher ist es in seiner Verantwortung, dass die Arbeitnehmer ihre **Arbeitszeiten erfassen** und dokumentieren.[87]

> Vertrauensarbeitszeit ist ein gängiges Arbeitszeitmodell im Außendienst und in Berufen, die durch kreative Tätigkeiten gekennzeichnet sind (Medien, Werbung etc.) sowie in Fällen, in denen Mitarbeiter ihren Arbeitsplatz außerhalb des Betriebes haben (Home-Office, „dislozierte Mitarbeiter").

Vorteile	Nachteile
• Stärkung des unternehmerischen Denkens der Mitarbeiter. • Erhöhung der Eigenverantwortung der Mitarbeiter. • Mehrarbeit wird vom Beschäftigten selbstständig ausgeglichen. • Sichtbares Zeichen des Vertrauens in die Mitarbeiter.	• Nicht für komplexe Arbeitsorganisationen mit hoher Interdependenz zwischen den Stellen geeignet. • Gefahr, dass Mitarbeiter Selbstausbeutung betreiben. • Gefahr, dass Ruhepausen nicht eingehalten werden. • Arbeitszeiten sind aus rechtlichen Gründen dennoch zu erfassen.

Tabelle 7: Vor-/Nachteile der Vertrauensarbeitszeit

---

[87] In einer Minimalvariante müssen Arbeitszeiten, die über die tägliche Regelarbeitszeit von acht Stunden hinausgehen, dokumentiert werden, § 16 Abs. 2 ArbZG. Der Europäische Gerichtshof hat 2019 ein Urteil gesprochen, wonach die Arbeitgeber EU-weit ein Zeiterfassungssystem betreiben sollen. Dieses Urteil ist Anfang 2020 noch nicht in deutsches Recht überführt.

5.1.3.4 Kapazitätsorientierte variable Arbeitszeit

Die **kapazitätsorientierte variable Arbeitszeit (Kapovaz)** legt die Zeitsouveränität alleine in die Hände des Arbeitgebers. Er kann bei diesem Arbeitszeitmodell eine vertraglich bestimmte **Jahresarbeitszeit** des Arbeitnehmers derart stückeln und so anfordern, dass der Arbeitsanfall im Betrieb und die Anwesenheitszeiten des Arbeitnehmers optimiert werden. Daher wird die Kapovaz auch als „**Arbeit auf Abruf**" bezeichnet.

Gesetzliche geregelt ist die Arbeit auf Abruf im **Teilzeit- und Befristungsgesetz** (TzBfG). Es handelt sich gem. § 12 Abs. 1 Satz 1 TzBfG um Arbeit auf Abruf, wenn Arbeitgeber und Arbeitnehmer vereinbaren, dass der Arbeitnehmer seine Arbeitsleitung entsprechend dem Arbeitsanfall zu erbringen hat.[88] Das **Unternehmen bestimmt Lage und Dauer** des Arbeitseinsatzes.

Das Unternehmen besitzt mit Kapovaz ein flexibles Arbeitszeitmodell: Bei erhöhtem Personalbedarf oder Krankheit einzelner Mitarbeiter ruft es andere zum Dienst. Für den Arbeitnehmer hat die Arbeit auf Abruf dagegen deutliche Nachteile: Er kann seine Zeit nur eingeschränkt planen und ist damit oftmals auch der Möglichkeit beraubt, weitere Beschäftigungsverhältnisse einzugehen.

Um die Arbeitnehmer bei Arbeit auf Abruf zu schützen, bestimmt das TzBfG seit 2019:[89]

- Für Abrufarbeit muss eine **besondere Vereinbarung im Arbeitsvertrag** vorliegen.
- Die **wöchentliche Arbeitszeit** ist im Arbeitsvertrag festzulegen. Wird keine besondere Angabe dazu gemacht, beträgt sie **20 Stunden**. Der Arbeitgeber kann nur maximal 25 % der vereinbarten wöchentlichen Arbeitszeit zusätzlich abrufen. Ist diese als Höchststundenzahl angegeben, müssen mindestens 80 % dieser Zeit abgerufen werden.
- Wenn die Dauer der täglichen Arbeitszeit nicht festgelegt ist, hat der Arbeitgeber die **Arbeitsleistung** des Arbeitnehmers jeweils für **mindestens drei aufeinander folgende Stunden** in Anspruch zu nehmen.
- Zwingend muss der Arbeitgeber die **Lage** der Arbeitszeit **mindestens vier Tage vor Einsatz** dem Arbeitnehmer **mitteilen**.

---

[88] Vgl. Weiss-Bölz/Heinz, Arbeit auf Abruf, 2019, S. 80.
[89] Vgl. Weiss-Bölz/Heinz, Arbeit auf Abruf, 2019, S. 80.

5.2 Entlohnung

Unter dem Begriff **Entlohnung** werden die **materiellen** und **geldwerten Leistungen** zusammengefasst, die ein Unternehmen seinen Beschäftigten für deren Arbeitseinsatz zusichert. Die materielle (auch als monetär bezeichnet) Leistung ist das sog. Entgelt.

> Das **Entgelt** ist die monetäre Gegenleistung, die das Unternehmen den Mitarbeitern für deren Arbeitseinsatz bezahlt.
>
> **Geldwerte Leistungen** sind Sachleistungen, die Mitarbeiter als Teil der Entlohnung kostenfrei oder vergünstigt erhalten und die für das Unternehmen mit Kosten verbunden sind.

Früher wurde beim Entgelt sprachlich zwischen eher **körperlicher Arbeit (Lohn)** und eher **geistiger Arbeit (Gehalt)** differenziert. Diese Trennung ist heute überwunden und es wird einheitlich von **Entgelt** gesprochen.

> Beispiele für geldwerte Leistungen sind ein privat nutzbarer Firmenwagen, ein auch privat nutzbares Firmenhandy sowie Gutscheine.

5.2.1 Grundlagen der Entgeltgestaltung

Das Entgelt sollte für jeden Mitarbeiter so gestaltet sein, dass er sich im Vergleich zu anderen gerecht entlohnt fühlt (relative Lohngerechtigkeit). Dazu müssen im sog. Grundentgelt Unterschiede in der Leistung, der Ausbildung, der übernommenen Verantwortung ebenso berücksichtigt werden wie zusätzliche Vergütungsbestandteile, die sich aus besonderer Leistung (z. B. Schichtdienstzulagen, Prämien etc.), aufgrund der besonderen persönliche Situation des Beschäftigten (z. B. Ortszulage) oder auf freiwilliger Basis durch den Arbeitgeber ergeben.

5.2 Entlohnung

Komponenten der materiellen Entlohnung

Entlohnungsbestandteile:
- Formen der Mitarbeiterbeteiligung
- Zusätzliche Vergütung
  - Freiwillige Zulagen
  - Bedarfsgerechte Zulagen
  - Leistungsbezogene Zulagen (z. B. Prämie)
- Grundentgelt

Entgeltformen und -methoden:
- Erfolgs- und/oder Kapitalbeteiligung
- Gratifikationen
- Zuschläge
- Einzelprämie
- Zeitbezogenes Entgelt
- Akkordlohn
- Prämienlohn

Ein Grundentgelt wird als „gerecht" wahrgenommen, wenn es Gleichheit und Unterschiede in den folgenden Dimensionen abbildet:

- **Leistung**: Bei leistungsgerechter Vergütung wird die Höhe des Entgeltes direkt und ausschließlich durch die Leistung des Arbeitnehmers bestimmt (**Prinzip der Äquivalenz von Entgelt und Leistung** ~ Wer mehr leistet, verdient mehr!).
- **Anforderung**: Bei anforderungsgerechter Entlohnung entspricht das Entgelt in seiner Höhe den körperlichen, geistigen und seelischen Anforderungen der Arbeitsaufgabe an den Stelleninhaber (**Prinzip der Äquivalenz von Entgelt und Anforderung** ~ Wer die schwerere Arbeit hat oder unter den schwereren Bedingungen arbeitet, verdient mehr!).
- **Qualifikation**: Die qualifikationsorientierte Entlohnung orientiert sich an den vorhandenen Qualifikationen des Mitarbeiters, z. B. in Form der höchsten abgeschlossenen Ausbildung. Dabei ist zunächst gleichgültig, ob er diese bei seiner Arbeit nutzen kann oder nicht (**Prinzip der Äquivalenz von Entgelt und Qualifikation** ~ Wer die bessere Ausbildung hat, verdient mehr!).

> Von Mitarbeitern innerhalb des Arbeitsumfelds wahrgenomme Entgeltunterschiede bei (vermeintlich) gleicher Leistung, gleicher Anforderung und gleicher Qualifikation wirken stark demotivierend.

5.2.2 Formen des Grundentgelts

Es gibt **zahlreiche Entgeltformen**, die entweder nur das Grundentgelt oder dieses sowie leistungsbezogene Anteile umfassen. Dazu gehören z. B. auch Honorare und Ausbildungsvergütungen.[90] Im Folgenden werden ausgewählte Entgeltformen als Konkretisierung von Grundentgelt und ggf. leistungsbezogenen Zulagen behandelt:

- Zeitbezogenes Entgelt
- Akkordlohn
- Prämienlohn

5.2.2.1 Zeitbezogenes Entgelt

Das **zeitbezogene Entgelt** entlohnt Mitarbeiter einzig nach der **Dauer der Arbeitszeit**. Bei Arbeitern verwendet man synonym noch den Begriff **Zeitlohn**, bei Angestellten den Begriff **Gehalt**.

Als Stundenlohn, Tagessatz oder Wochen- bzw. Monatslohn ist der Zeitlohn ebenso wie das üblicherweise monatlich gezahlte Gehalt ein Fixum und entspricht einem vorab vereinbarten (Grund-) Entgelt. Bei Abschluss des Arbeitsvertrages wird das Entgelt anforderungs- und qualifikationsgerecht differenziert. Das Unternehmen geht davon aus, dass der Mitarbeiter pro Zeiteinheit eine der Schwierigkeit der Arbeitsaufgabe angemessene „Normalleistung" erbringt.

Da nicht die effektive Leistung entlohnt wird, sondern lediglich die Arbeitszeit, besteht beim Zeitlohn für die Mitarbeiter kein geldlicher Anreiz, ihre Leistung über die Norm zu erhöhen. Es gibt auch keine unmittelbare Sanktionierung für Situationen, in denen die Leistung unter das erwartete Normalniveau absinkt. Das Kostenrisiko der Beschäftigung liegt somit voll aufseiten des Arbeitgebers. Dies verdeutlicht auch die Betrachtung der Kurven von Lohn und Lohnstückkosten. Es wird deutlich, dass die Lohnstückkosten umso stärker sinken, je größer die je Zeiteinheit gefertigte Menge ist.

---

[90] Vgl. Bröckermann, Personalwirtschaft, 2007, S. 260.

5.2 Entlohnung

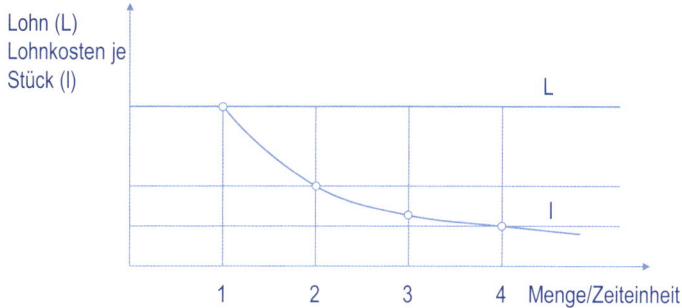

Abbildung 12: Entwicklung der Lohnstückkosten bei Zeitlohn

Der Kurvenverlauf gilt natürlich analog, wenn statt gefertigter Stückzahl geleistete Prozessmengen im kaufmännischen Bereich betrachtet werden (z. B. bearbeitete Schadensfälle eines Versicherungsmitarbeiters je Zeiteinheit).

Das zeitbezogene Entgelt geht von einem Mitarbeitertypus aus, der stets bereit ist, vollen Einsatz zu geben. Geldliche Anreize zur Leistungssteigerung sind bei diesem Mitarbeiterbild nicht notwendig. Zusätzliche Motivation zur Leistungserhöhung wird durch die Führungsarbeit erzeugt.

Zeitlohn und Gehalt werden angewendet, wenn das Arbeitsergebnis aufgrund seines Charakters schwer messbar ist (z. B. Sachbearbeitung), der Arbeitsanfall uneinheitlich ist (z. B. Rezeption im Hotel), die Technik den Arbeitstakt vorgibt (z. B. Fließband) und die Qualität wichtiger ist als die Quantität (z. B. Krankenpflege, Piloten). Aus der Fürsorgepflicht des Arbeitgebers heraus sollte der Zeitlohn auch gewählt werden, wenn die Arbeit gefährlich ist und Leistungsdruck für den Mitarbeiter vermieden werden soll (z. B. Bauarbeiter im Hochbau).

Vorteile	Nachteile
• Einfach abzurechnen, keine Leistungserfassung erforderlich. • Von Mitarbeitern akzeptiert. • Personalkosten sind gut planbar.	• Unternehmen trägt Risiko der Minderleistung.

Tabelle 8: Vor-/Nachteile des Zeitlohns

Das reine zeitbezogene Entgelt ist in der Praxis selten anzutreffen. Zusätzliche Leistungszulagen oder Prämien für das Erreichen bestimmter Ziele ergänzen in vielen Unternehmen das Grundentgelt und bringen so eine weitere Anreiz- und Steuerungsfunktion in die Entlohnung ein.

> **Mindestlohn**
>
> Das zeitbezogene Entgelt hat durch das seit dem 1. Januar 2015 geltende Mindestlohngesetz (MiLoG) eine Brutto-Untergrenze bekommen, die seit einer Erhöhung 2020 bei 9,35 € je Zeitstunde liegt. Arbeitgeber dürfen je Stunde mehr bezahlen, aber nicht weniger.
>
> In einigen Branchen legen Tarifverträge höhere Branchenmindestlöhne fest, die dann Vorrang vor dem gesetzlichen Mindestlohn haben.

5.2.2.2 Akkordlohn

Der **Akkordlohn** stellt eine **unmittelbare Verbindung** zwischen **Leistung und Entgelt** her. Bei Anwendung des Akkordlohnes erhält der Arbeitnehmer umso mehr Geld, je mehr Leistung er in einer bestimmten Zeit erbringt.

Es gibt zwei Entgeltmethoden des Akkordlohns:
- **Geldakkord:** Es werden direkt die erbrachten Leistungsmengen abgerechnet (z. B. gefertigte Stück je Zeiteinheit).
- **Zeitakkord:** Es wird die Zeitersparnis pro Leistungseinheit entlohnt. Grundlage der Bemessung ist die bei „Normalleistung" resultierende Vorgabezeit.

Für die Berechnung von Geld- und Zeitakkord gelten folgende Formeln:

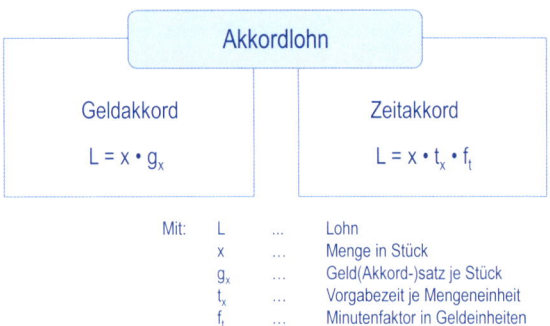

Abbildung 13: Berechnung von Geld- und Zeitakkord

Die Berechnung nach **Geld- und Zeitakkord** führt zum **gleichen Ergebnis**. Der Geldakkord ist intuitiv erfassbar: Je gefertigten Stück wird ein bestimmter **Geldsatz** (auch als **Akkordsatz** bezeichnet) vergütet. Der Zeitakkord geht für das gleiche Ergebnis einen anderen

5.2 Entlohnung

Weg: Je gefertigtes Stück wird eine gewisse Zeit gutgeschrieben und jede Zeiteinheit wird ihrerseits mit einem **Geldfaktor** angerechnet. Ein Vorteil des Zeitakkords ist, dass bei Tarifänderungen nur der Geldfaktor angepasst werden muss – die Vorgabezeit bleibt unverändert.

Der Geldsatz des Geldakkordes wird bestimmt, indem der bei Normalleistung zu erwartende Stundensatz des Akkordarbeiters durch die in dieser Zeit erstellte Menge dividiert wird.

Grundsätzlich gilt, dass Akkordarbeit höher entlohnt wird als normale (Zeit-)Arbeit. Dies soll berücksichtigen, dass Akkordarbeit unter einem höheren Leistungsdruck und in einem strafferen Arbeitsumfeld stattfindet. Der **Stundensatz** wird gebildet, indem dem Zeitlohn ein prozentualer Aufschlag hinzugerechnet wird.

> **Geldakkord**
>
> Ein Fertigungsmitarbeiter erhält einen stündlichen Zeitlohn von 12,00 € und fertigt in dieser Zeit 4 Stück. Für Kollegen, die im Akkord arbeiten, wird ein Akkordzuschlag von 20 % vereinbart. Der Stundensatz für Akkordarbeiter beträgt daher bei Normalleistung 14,40 € (=12,00 € * 1,2).
>
> Da vier Stück gefertigt werden, beträgt der Geldsatz 3,60 €/Stück (= 14,40 €/Std. / 4 Stück/Std.).
>
> Fertigt der Mitarbeiter nun fünf Stück in einer Stunde, so erhält er als Akkordlohn L die Summe von 18,00 € (= 5 Stück * 3,60 €/Stück).

Beim **Zeitakkord** muss zunächst der **Minutenfaktor** ermittelt werden. Er entspricht dem Geldbetrag, den ein Akkord arbeitender Mitarbeiter jede Minute bekommt, um bei Normalleistung den Stundensatz eines Akkordarbeiters zu erhalten.

> **Zeitakkord**
>
> Der Stundensatz für Akkordmitarbeiter betrage 14,40 €/Std. Der Minutenfaktor beträgt damit 0,24 €/Min. (= 14,40 €/60 Min.).
>
> Bei Normalleistung werden 4 Stück gefertigt. Die Vorgabezeit je Mengeneinheit beträgt damit 15 Min./Stück (= 60 Min./4 Stück).
>
> Fertigt der Mitarbeiter in einer Stunde fünf Stück, so erhält er als Akkordlohn L die Summe von 18,00 € (= 5 Stück * 15 Min./Stück * 0,24 €/Min.).

Akkordlohn kann nicht für jede Arbeit eingesetzt werden. An die Arbeitsaufgabe und ihre Umgebung werden drei Anforderungen gestellt, die jeweils vor der Umstellung auf Akkordlohn eingehend zu prüfen sind:

- Akkordfähigkeit,
- Akkordreife und
- unmittelbare Beeinflussbarkeit.

Akkordfähigkeit ist gegeben, wenn der auszuführende Arbeitsablauf vorab bekannt, gleichartig und repetitiv (wiederkehrend) ist. Sein Arbeitsergebnis ist exakt messbar. **Akkordreif** ist ein Arbeitsablauf, wenn er von einem eingearbeiteten und diesbezüglich geschulten Mitarbeiter dauerhaft ausgeführt werden kann. **Unmittelbare Beeinflussbarkeit** meint, dass das Arbeitsergebnis einzig vom Mitarbeiter und seiner Arbeitsgeschwindigkeit bestimmt wird und z. B. nicht durch technische Systeme limitiert ist.

Vorteile	Nachteile
• Leistungsgerecht. • Anreiz zur Mehrleistung. • Einfach in der Abrechnung.	• Hohe Belastung für die Akkordarbeiter und die eingesetzten Betriebsmittel. • Kann zu Qualitätsmängeln führen. • Umfangreiche Qualitätskontrollen der erstellten Leistungen erforderlich.

Tabelle 9: Vor-/Nachteile des Akkordlohns

5.2.2.3 Prämienlohn

Der **Prämienlohn** umfasst standardmäßig neben dem Grundentgelt eine leistungsbezogene Komponente. Damit wird für die Mitarbeiter ein Anreiz geschaffen, eine besondere Leistung zu erbringen. Dies ist üblicherweise eine Mengenleistung. Bei Überschreitung der Normalleistung wird zusätzlich zum Grundentgelt eine Prämie gezahlt, deren Höhe mit steigender Leistung bis zur vorab definierten Maximalleistung zunimmt.

Damit ähnelt der Prämienlohn der Akkordentlohnung, unterscheidet sich von dieser aber dadurch, dass hier keine reine Leistungsmaximierung „um jeden Preis" angestrebt wird und auf die Ermittlung genauer Vorgabezeiten verzichtet wird.[91] Mit Erreichen der Maximalleistung ist auch die Prämienobergrenze erreicht und die Prämienspannweite voll ausgeschöpft. Solche Maximalleistungen werden definiert, um die Betriebsmittel zu schonen und die Qualität des Arbeitsergebnisses nicht zu gefährden.

---

[91] Vgl. Bühner, Personalmanagement, 2005, S. 159.

5.2 Entlohnung

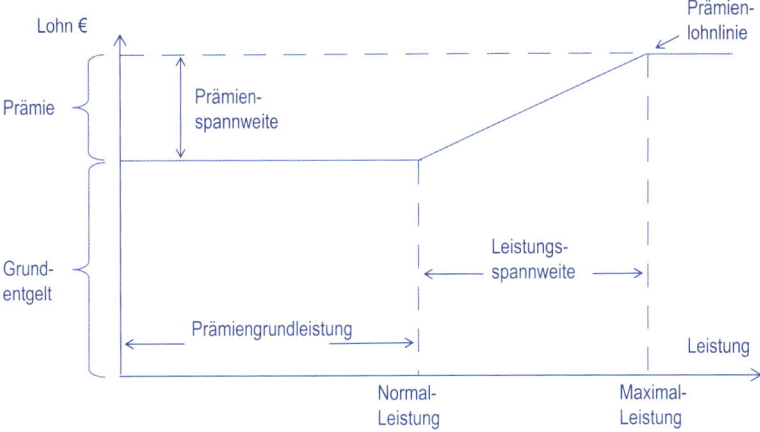

Abbildung 14: Prämienlohn[92]

Vorteile	Nachteile
• Prämienlohn schafft einen Anreiz zur Mehrleistung, ohne die Betriebsmittel voll zu verschleißen. • Ermittlung von Vorgabezeiten zur Abrechnung nicht erforderlich.	• Ausgestaltung von Prämienspannweite, Leistungsspannweite und Prämienlohnlinie komplex.

Tabelle 10: Vor-/Nachteile des Prämienlohns

5.2.3 Zusätzliche Vergütungsbestandteile

Das Grundentgelt wird durch zusätzliche Vergütungsbestandteile in Form von leistungsbezogenen, bedarfsgerechten und freiwilligen Zulagen erhöht.

5.2.3.1 Leistungsbezogene Zulagen

Leistungsbezogene Zulagen erhöhen das Grundentgelt in Abhängigkeit des Erreichens bestimmter Leistungsziele. Es gibt
- Provisionen und
- Prämien.

Provisionen sind prozentuale Zulagen vom Wert einer leistungsabhängigen Basisgröße, z. B. dem Umsatz oder dem Auftragsvolumen.

Als Zulage werden Prämien zusätzlich zum Entgelt gewährt, wenn besondere, vorab vereinbarte Bedingungen erfüllt sind. Anders als beim Prämienlohn, für den innerhalb der Leistungsspannweite eine

---

[92] Quelle: Olfert, Personalwirtschaft, 2015, S. 398.

stetige Steigerung möglich ist, wird die Prämienzulage gezahlt oder nicht. Folgende Arten sind denkbar:

- **Mengenprämie:** Für das Erreichen oder Überschreiten eines Mengenziels, aber ohne Steigerung in Abhängigkeit der Menge.
- **Ersparnisprämie:** Für einen sparsamen Verbrauch an Rohstoffen und/oder Betriebsstoffen.
- **Umweltprämie:** Eine besondere Form der Ersparnisprämie, die einen schonenden Umgang mit Ressourcen belohnt.
- **Qualitätsprämie:** Für qualitativ einwandfreie Ergebnisse oder die Senkung von Fehlern/Ausschuss um einen bestimmten Faktor.
- **Nutzungsgradprämie:** Für die umfassende Nutzung von Betriebsmitteln.
- **Terminprämie:** Einhaltung bzw. Unterschreitung von Terminvorgaben.
- **Verbesserungsprämie:** Für einen umgesetzte Verbesserungsidee.

Diese Prämien lassen sich auch kombinieren, um so das individuelle Mitarbeiterverhalten zu steuern. Qualitätsprämien sind dabei kritisch zu sehen, da das Bemühen um höchste Qualität normaler Bestandteil der Arbeit sein sollte.[93]

5.2.3.2 Bedarfsgerechte Zulagen

Bedarfsgerechte Zulagen sind grundsätzlich dazu gedacht gewesen, dass derjenige, der z. B. aufgrund seiner Familiensituation (Familienstand, Kinder, Unterhaltspflicht etc.) „mehr" benötigt, auch „mehr" bekommt.

Heute gibt es nur noch wenige bedarfsgerechte Zulagen. Vielmehr ist es so, dass der Staat bei der Besteuerung des Arbeitseinkommens Bedarfsgerechtigkeit herstellt: Das Steuersystem berücksichtigt über Freibeträge sowie Änderungen der Bemessungsgrundlage die persönlichen Lebensverhältnisse und lässt in bestimmten Bedarfsfällen (z. B. außergewöhnliche Belastung aufgrund Krankheit, doppelter Haushaltsführung etc.) „mehr Netto vom Brutto".

Eine durchaus noch anzutreffende bedarfsgerechte Zulage ist der Ortszuschlag, der im öffentlichen Dienst gewährt wird, wenn bundesweit einheitlich entlohnte Angestellte ihren Dienst in einem teuren Ballungsraum verrichten sollen.

5.2.3.3 Freiwillige Zulagen und geldwerte Leistungen

Freiwillige Zulagen sind zusätzliche Vergütungsbestandteile, die als Geld oder als **geldwerte Leistung** (z. B. Firmenwagen mit Tankkarte) zusätzlich zum Entgelt und ohne eine gesetzliche oder tarifvertragliche Pflicht gewährt werden.

---

[93] Vgl. Bühner, Personalmanagement, 2005, S. 160.

5.2 Entlohnung

Die Palette möglicher Zulagen ist lang. Zu den Zulagen werden u. a. gerechnet:[94]

- Zuschuss zu vermögenswirksamen Leistungen
- Verpflegungszulagen, Mietkostenbeihilfen, Umzugskosten
- private Nutzung von Betriebsmitteln (PKW, Firmenhandy, Laptop etc.)

Ebenfalls zu den freiwilligen Zulagen gehören besondere Geldzahlungen, z. B. ein freiwillig vom Arbeitgeber gezahltes Weihnachtsgeld. Solche Geldzahlungen werden auch als **Gratifikationen** bezeichnet.

> **Verpflichtende Zahlungen nach betrieblicher Übung**
>
> Bei Gratifikationen ist zu beachten, dass sie durch regelmäßige freiwillige Gewährung als sog. **betriebliche Übung** „erwartbar" werden und dann verpflichtend vom Arbeitgeber zu zahlen sind.[95] Es reicht schon, als Arbeitgeber eine Leistung drei Mal in Folge vorbehaltslos zu gewähren, damit Arbeitnehmer diese zukünftig einfordern können. „Vorbehaltslos" bedeutet, dass z. B. nicht auf den freiwilligen Charakter und die Einmaligkeit der Zahlung hingewiesen wurde.

5.2.4 Mitarbeiterbeteiligung

Die **Mitarbeiterbeteiligung** honoriert vergangenheitsbezogen die Mitwirkung des Personals an der Erreichung der Unternehmensziele und will diese zukunftsbezogen sichern. Dazu wird entweder ein gewisser Anteil des Unternehmenserfolgs an die Mitarbeiter verteilt oder die Mitarbeiter werden mit einem Anteil am Unternehmen selbst entlohnt.

Diese unterschiedlichen Vorgehensweisen sind in den folgenden zwei Modellen umgesetzt, die auch in Kombination anzutreffen sind:

- Erfolgsbeteiligung
- Kapitalbeteiligung

5.2.4.1 Erfolgsbeteiligung

Erfolgsbeteiligungen gewähren den Mitarbeitern zusätzlich zum sonstigen Entgelt eine Zuwendung aus einem Anteil des Unternehmenserfolges. Ein vorher definierter Verteilungsschlüssel legt fest, unter welchen Bedingungen wer wie viel bekommt. Die Zahlung der Erfolgsbeteiligung kann unter anderem an das Erreichen von Umsatz- oder Gewinnzahlen geknüpft werden.

---

[94] Vgl. Bröckermann, Personalwirtschaft, 2007, S. 288;
[95] Vgl. Hromadka/Maschmann, Arbeitsrecht Band 1, 1998, S. 45 i. V. m. S. 154 f.

Der **Umsatz** spiegelt eine Erfolgskennzahl des Unternehmens am Markt wider. Vorteil einer Bindung der Erfolgsbeteiligung an den Umsatz ist, dass diese Größe leicht bestimmbar ist und im Zuge der externen Rechnungslegung in jedem Fall bestimmt werden muss. Der Umsatz ist eine relativ „**öffentliche Größe**". Er ist weniger sensibel als zum Beispiel der Gewinn des Unternehmens. Gegen eine am Umsatz ausgerichtete Erfolgsbeteiligung spricht, dass ein Unternehmen auch bei hohen Umsätzen unprofitabel sein und Verluste erwirtschaften kann. In solchen Situationen kann der Geschäftsertrag durch die dann zu zahlende Umsatzbeteiligung zusätzlich verschlechtert werden.

Der **Gewinn** als Grundlage der Erfolgsbeteiligung ist ein anderer Ausgangspunkt der Erfolgsbeteiligung. Es ist zu definieren, welcher Gewinn Grundlage der Beteiligung ist: Bilanzgewinn, einbehaltener Gewinn oder Eigentümergewinn (Ausschüttung). Von Vorteil ist, dass die Erfolgsbeteiligung nur anfällt, wenn auch Gewinn entstanden ist. Den Gewinn in seiner Höhe mit den Mitarbeitern diskutieren zu müssen wird jedoch von vielen Unternehmen als Nachteil empfunden.

5.2.4.2 Kapitalbeteiligung

Durch **Kapitalbeteiligungen** werden Mitarbeiter an der Kapitalausstattung des Unternehmens beteiligt. Anliegen der Kapitalbeteiligung sind die Harmonisierung von Unternehmens- und Individualzielen der Mitarbeiter, die Bindung der Mitarbeiter an das Unternehmen sowie eine kooperative Produktivgesellschaft von Arbeitgeber und Arbeitnehmern.

Kapitalbeteiligungen setzen entweder beim Eigen- oder Fremdkapital des Unternehmens an. Gängige Ausprägungen der Beteiligung sind:

- **Stille Gesellschafter**: Die einem Mitarbeiter gewährte Beteiligung wird in Form einer (Kapital-) Einlage direkt in das Unternehmen reinvestiert. Für seine Einlage erhält der Mitarbeiter bei einer typischen stillen Gesellschaft das Recht auf „angemessene Verzinsung", bei einer atypischen stillen Gesellschaft wird der Mitarbeiter auch an den weiteren Firmenzuwächsen beteiligt. Mitspracheoder Vertretungsrechte nach außen stehen ihm nicht zu. Er hat keinen Einfluss auf die Geschäftsführung. Die Übernahme von Verlusten kann vertraglich ausgeschlossen werden.
- **Miteigentümer/Mitgesellschafter**: Je nach Rechtsform des Unternehmens bestehen verschiedene Möglichkeiten zur Miteigentümerschaft bzw. Aufnahme in den Kreis der Gesellschafter:[96]

---

[96] Vgl. Bühner, Personalmanagement, 2005, S. 167 f.

5.2 Entlohnung

- Aktiengesellschaft (AG): Mitarbeiter können Belegschaftsaktien erwerben. Sofern diese mit einem Stimmrecht ausgestattet sind, haben die Mitarbeiter auch die Möglichkeit zur Mitwirkung an der Entscheidungsfindung im Rahmen der Hauptversammlung. Die Haftung ist auf die Einlage beschränkt.
- Gesellschaft mit beschränkter Haftung (GmbH): Durch ihre Beteiligung am Stammkapital der Gesellschaft werden die Mitarbeiter Vollgesellschafter. Sie sind am Gewinn, aber auch am eventuellen Verlust beteiligt. Allerdings beschränkt sich die Haftung auf die Einlage. Der Status als Gesellschafter eröffnet weitreichende Einfluss- und Gestaltungsmöglichkeiten.
- Kommanditgesellschaft (KG): Mitarbeiter sind als Kommanditisten von der Geschäftsführung ausgeschlossen. Die Kommanditisten sind sowohl am Gewinn als auch am Verlust der KG bis maximal zur Einlagenhöhe beteiligt.
- **Mitarbeiterdarlehen**: Der Mitarbeiter überlässt seine Zulage als Mitarbeiterdarlehen dem Unternehmen. Das Darlehen bezieht sich auf diesen Betrag und hat eine festgelegte Laufzeit. Während der Laufzeit wird das Darlehen verzinst. Weitere Erträge aus dem Darlehen gibt es nicht. Am Ende der Laufzeit ist das Darlehen zurückzuzahlen.

5.2.5 Kombinationsmöglichkeiten durch Cafeteria-Systeme

Sofern das Unternehmen **geldwerte Vorteile** als **Sachleistung** anbietet, ist zu berücksichtigen, dass nicht jede Sachleistung Mitarbeiter gleichermaßen anspricht: Der Kinderhort bietet kinderlosen Mitarbeitern keinen Mehrwert. Der Parkplatz hat keinen Nutzen für den überzeugten Radfahrer. Um den individuellen Präferenzen der Mitarbeiter Rechnung zu tragen, wird das sog. **Cafeteria-System** eingesetzt.

In Analogie zur Speisenausgabe in einer Cafeteria kann bei dem betrieblichen Cafeteria-System der Mitarbeiter gemäß seinen individuellen Präferenzen aus der Palette der Zusatzleistungen frei wählen.

Für die konkrete **Ausgestaltung des Cafeteria-Systems** sind drei Größen zu bestimmen:

- Wahlangebot,
- Wahlbudget und
- Wahlzeitpunkt(e).

Das **Wahlangebot** wird festgelegt, indem mindestens zwei Sachleistungen gewählt werden, die der Mitarbeiter einzeln oder kombiniert wählen kann. Eine echte Wahlentscheidung wird erst möglich, wenn den Leistungen Geldäquivalente oder Punkte zugeordnet sind, sodass eine Reihung der Wertigkeiten einen Trade-off ermöglicht.

Das **Wahlbudget** definiert den Rahmen, innerhalb dessen der Mitarbeiter wählen kann. In der Praxis werden oft die bislang freiwillig gewährten Sozialleistungen ihrem geldlichen Betrag nach als Wahlbudget angesetzt. Damit bleibt die Kostenbelastung des Unternehmens gleich, der Mitarbeiter kann aber eventuell durch seine Wahlhandlung seinen gefühlten Nutzen maximieren. Zuletzt sind die **Wahlzeitpunkte** festzulegen. Präferenzen und persönliche Lebensumstände ändern sich. Daher sollte den Mitarbeitern regelmäßig die Chance gegeben werden, die gewählten Leistungen auszutauschen oder mengenmäßig anzupassen.

5.3 Kontrollfragen

Nachdem Sie das Kapitel bearbeitet haben, sollten Sie folgende Aufgaben beantworten können:

K 5-01 Erläutern Sie die Kennzeichen des Zeitlohns. Wie verhalten sich Lohnsatz und Lohnstückkosten beim Zeitlohn in Abhängigkeit der Leistungsmenge? In welchen Fällen ist der Einsatz eines Leitlohns angeraten und welche Vor-/Nachteile sind mit dem Zeitlohn verbunden?

K 5-02 Erläutern Sie das Konzept des Prämienlohns. Welche Vor- und Nachteile sind mit dem Prämienlohn verbunden?

K 5-03 Nennen und erläutern Sie kurz die Arten von Prämien als leistungsbezogene Zulagen.

K 5-04 Eine Stelle in der Produktion wird nach Geldakkord entlohnt. Der Zeitlohn liegt bei 15,00 € je Stunde. Der Akkordzuschlag liegt bei 20 %. Die Normalleistung beträgt 10 Stück je Stunde.

a) Berechnen Sie den Akkordrichtsatz.

b) Berechnen Sie den Akkordsatz.

c) Der Mitarbeiter fertigt 13 Stück in einer Stunde. Wie hoch ist seine Entlohnung?

6 Personaleinsatz und -einarbeitung

„Der neue Mitarbeiter gewinnt den Eindruck, dass Aufmerksamkeit und Interesse, die ihm als Bewerber gegenübergebracht wurden, in dem Augenblick erlöschen, in dem er seine Arbeit beginnt."[97] *(Alfred Kieser)*

Mitarbeiter sind für jedes Unternehmen eine wertvolle Ressource. Umso wichtiger ist es, die Ressource „Mensch" optimal zu nutzen und zugleich an das Unternehmen zu binden. Der Personalbindung stehen eine Reihe von Gefahren gegenüber: Dazu gehören die Über- oder Unterforderung des Mitarbeiters durch seine Arbeitsaufgaben ebenso wie fehlende Einarbeitung oder eine mangelhafte soziale Integration in die Belegschaft des Unternehmens. Defizite bei den genannten Punkten führen dazu, dass Mitarbeiter die Beschäftigung beim aktuellen Arbeitgeber infrage stellen und die Bereitschaft wächst, das Unternehmen zu verlassen.

Gerade neue Mitarbeiter nehmen Unzulänglichkeiten bei den zugewiesenen Arbeitsaufgaben und der Einarbeitung besonders intensiv wahr. Die Erlebnisse der ersten Tage im neuen Unternehmen bestimmen oftmals, ob der Mitarbeiter überhaupt dort weiter beschäftigt sein will. Kündigt ein neuer Mitarbeiter noch in der Probezeit, so wird dies auch als Frühfluktuation bezeichnet.[98]

Die Kosten von Frühfluktuationen sind erheblich. Sie bewegen sich zwischen 17.500 € für einen Facharbeiter/Sachbearbeiter und 130.000 € für eine Führungskraft.[99] Zudem belasten häufige Mitarbeiterwechsel das soziale Gefüge des Unternehmens. Aus den genannten Gründen sind Personaleinsatz und Personaleinarbeitung wichtige Wirkungsfelder des Personalmanagements.

---

[97] Kieser, Einführung neuer Mitarbeiter, 1990, S. 1.

Lernziele

Dieses Kapitel behandelt den Personaleinsatz und die Personaleinarbeitung. Nach dem Textstudium sind Sie in der Lage:

- kurzfristige und langfristige Aspekte der Zuordnung von Mitarbeitern zu Stellen zu benennen und die Bedeutung personeller Einzelmaßnahmen daran zu verdeutlichen,
- verschiedene Strategien der Aufgabenübertragung an neue Mitarbeiter zu erklären,
- die Konzepte Einarbeitung und Onboarding zu erläutern und Unterschiede zwischen beiden darzustellen,
- Instrumente der Personaleinarbeitung und Integration zu benennen und zu erläutern.

6.1 Aufgaben und Ziele des Personaleinsatzes und der Einarbeitung

Für neu eingestellte, aber auch bereits länger im Unternehmen tätige Mitarbeiter wird durch den **Personaleinsatz** festgelegt, auf welcher konkreten Stelle sie mit ihrer Arbeitskraft an den Aufgaben des Unternehmens mitwirken (**Zuordnung von Mitarbeiter und Stelle**).

Grundsätzlich stellt sich nur selten die Frage nach einer komplett freien, **langfristigen Zuordnung** eines Mitarbeiters zu einer Stelle: Immerhin wird ein neuer Mitarbeiter für eine vakante Stelle eingestellt, weshalb die Zuordnung bereits vorbestimmt ist. Die bestmögliche Übereinstimmung von Stellenanforderungen und Bewerberprofil wurde in diesem Fall im Rahmen der Personalbeschaffung geprüft.

Kurzfristig kann es durch Krankheit, Urlaub oder andere Ausfälle durchaus erforderlich sein, Mitarbeiter anderen Stellen zuzuordnen. **Mittelfristig** können Versetzungswünsche oder soziale Belange[100] zu einer Neuzuordnung führen.

> Der **Personaleinsatz** weist Mitarbeiter kurzfristig so den Stellen zu, dass anstehende Arbeiten quantitativ und qualitativ bestmöglich ausgeführt werden, und nimmt mittel- bis langfristig eine Zuweisung derart vor, dass eine wechselseitige Passung von Stellenanforderungen und Mitarbeitereignung sowie soziale Nebenbedingungen beachtet werden.

Die **Personaleinarbeitung**, auch verkürzt als **Einarbeitung** bezeichnet, hat die Aufgabe, einen Mitarbeiter an seinem neuen Arbeitsplatz systematisch mit den Rahmenbedingungen und Inhalten der **Arbeitsaufgaben vertraut zu machen** und ihn **sozial** in das Unternehmen **zu integrieren**.

---

[100] Vgl. Drumm, Personalwirtschaft, 2008, S. 310.

Ziele der Einarbeitung sind:
- Den einzuarbeitenden Mitarbeiter in möglichst kurzer Zeit auf das Leistungsniveau eines Mitarbeiters zu bringen, der mit den Arbeitsaufgaben bereits vertraut ist,
- ihm das aufgabenspezifische Fach- und Methodenwissen zu vermitteln, sodass von ihm die eigenverantwortliche Ausführung der Arbeitsaufgaben erwartet werden kann, und
- durch die Integration in das soziale Gefüge der Arbeitsplätze und des Unternehmens eine Bindung an das Unternehmen zu schaffen.

Bei der Einarbeitung dominieren die fachlichen Aspekte (fachliche Integration).[101] In jüngster Zeit entwickelte Konzepte wie das sog. **Onboarding** stellen demgegenüber vermehrt auf die Personalbindung eines einzuarbeitenden Mitarbeiters ab (sozial-kulturelle Integration).[102]

6.2 Aspekte des Personaleinsatzes

Der Personaleinsatz ist in zwei zeitlichen Dimensionen zu betrachten: **Kurzfristig** in Form der **Personaldisposition**, **mittel- und langfristig** in der **Zuordnung von Mitarbeiter und Stelle**, wie sie z. B. durch eine Versetzung erforderlich wird. Eine Versetzung kann eine sog. **personelle Einzelmaßnahme** darstellen und ist in mitbestimmten Betrieben oberhalb einer im Gesetz definierten Betriebsgröße zustimmungspflichtig.

6.2.1 Kurzfristige Personaldisposition

Die kurzfristige **Personaldisposition** ordnet aus einem Pool von zumindest ähnlich qualifizierten Arbeitskräften temporär konkrete Mitarbeiter einzelnen Stellen zu. Üblich ist die Personaldisposition bei der Schichtplanung, wie sie allgemein im Mehrschichtbetrieb, z. B. in Krankenhäusern, Pflegediensten, bei der Polizei, den Feuerwehren etc., aber auch Industrieunternehmen zur Gewährleistung einer „**Durchschnittsbesetzung**" erforderlich ist.

Gemeinsames Merkmal der genannten Beispiele ist, dass aufgrund des Unternehmens bzw. der zu erbringenden Leistung eine **Mindestbesetzung**, also eine unter der Durchschnittsbesetzung liegende absolute Untergrenze der Personalbesetzung, in jeder Schicht erforderlich ist.[103]

---

[101] Vgl. Verfürth, Einarbeitung, Integration und Anlernen, 2010, S. 159.
[102] Vgl. Lohaus/Habermann, Integrationsmanagement, 2016, S. 15.
[103] Vgl. Dahlgaard/Kleipoedszus, Kompensation von kurzfristigen Personalausfällen, 2014, S. 318.

Problematisch wird es, wenn durch Krankheit, Urlaub oder andere Ereignisse die Mindestbesetzung unterschritten wird: Eine Fertigungsstraße kann beispielsweise nur arbeiten, wenn die Arbeitsplätze an ihr besetzt sind.

Die kurzfristige Personaldisposition selbst ist – gerade im Hinblick auf die Durchschnitts- und Mindestbesetzung – eine operative Aufgabe, die von Schicht- oder Teamleitungen, nicht aber vom Personalmanagement ausgeführt wird. Wohl aber ist es Aufgabe des Personalmanagements, die passenden Instrumente für die Personaldisposition und zum Umgang mit ausfallbedingten Personalunterdeckungen im Dienstplan bereitzustellen.

Das Personalmanagement kann die Personaldisposition mit folgenden **Instrumenten** unterstützen:[104]

- Umsetzung,
- Rufbereitschaft und
- Personalpool.

Bei **Umsetzungen** werden Mitarbeiter zeitweise von einer Abteilung in eine andere entsandt, um dort einen Arbeitsplatz zu besetzen. Dieses Instrument kann nur eingesetzt werden, wenn die entsendende Organisationseinheit selbst eine Personaldeckung über der Durchschnittsbesetzung aufweist.[105] Das Personalmanagement muss darüber hinaus folgende weitere Voraussetzungen schaffen: Mitarbeiter sind so zu qualifizieren, dass sie nicht nur auf einem Arbeitsplatz eingesetzt werden können. Zudem muss eine technische Infrastruktur zur Information über die anwesenden Personalkapazitäten gegeben sein.

„Die **Rufbereitschaft** ist eine besondere Form des Bereitschaftsdienstes, bei der die Arbeitnehmer nicht am Arbeitsplatz anwesend, aber telefonisch erreichbar sein müssen, um im Bedarfsfall die Arbeit unverzüglich aufnehmen zu können."[106] Die Zeiten der Rufbereitschaft sind zu vergütende Arbeitszeit.[107] Die Leistung des Personalmanagements besteht darin, Konzepte für die Organisation der Rufbereitschaft zu erstellen: Dies betrifft Regelungen zur Erreichbarkeit, zur Vergütung der Bereitschaftszeiten sowie die Schaffung einer generellen Akzeptanz des Rufbereitschaftsmodells unter den Beschäftigten.

---

[104] Vgl. Dahlgaard/Kleipoedszus, Kompensation von kurzfristigen Personalausfällen, 2014, S. 320.
[105] Vgl. Dahlgaard/Kleipoedszus, Kompensation von kurzfristigen Personalausfällen, 2014, S. 320.
[106] Vgl. Dahlgaard/Kleipoedszus, Kompensation von kurzfristigen Personalausfällen, 2014, S. 322.
[107] Siehe auch Kap. 5.1.3.4, die sog. Kapazitätsorientierte variable Arbeitszeit

6.2 Aspekte des Personaleinsatzes

Der **Personalpool** ist eine zentrale Personalreserve, quasi eine interne Überhangabteilung, die bei Bedarf Arbeitskräfte anderen Abteilungen unterhalb der Durchschnittsbesetzung Kapazitäten dispositiv zur Verfügung stellt. Das Personalmanagement hat eine Personalplanung durchzuführen, die festlegt, wie umfangreich die Überhangabteilung mit Personal auszustatten ist. Weiterhin sind eine Ersatzverwendung des Personals bei Nichtanforderung sowie die Leitung des Personalpools zu organisieren.

Wenn die genannten Instrumente (noch) nicht im Unternehmen genutzt werden oder nicht die gewünschte Kompensation des Personalausfalls leisten, muss in letzter Konsequenz die Leistung nach Menge und/oder Umfang beschränkt werden: Intensivstationen sperren dann Betten, Industrieunternehmen legen abgegrenzte (Fertigungs-)Bereiche kurzfristig still, Dienstleister bieten nicht mehr alle Service an.

6.2.2 Mittel- und langfristige Zuordnung von Mitarbeiter und Stelle

In einer mittel- und langfristigen Betrachtung werden Mitarbeiter im Idealfall Stellen zugeordnet, auf denen sie für das Unternehmen die bestmögliche Leistung erbringen und auf denen die Mitarbeiter sowohl mit den Arbeitsaufgaben als auch dem sozialen Umfeld zufrieden sind.

Sind **mehrere Mitarbeiter mehreren Stellen** zuzuordnen, liegt ein **komplexes Planungsproblem** vor. Zur Lösung bieten sich folgende Verfahren an:[108]

- Exakte **mathematische Zuordnung**, die auf der linearen Optimierung beruht. Mit ihr wird ein „optimales" Ergebnis gesucht.
- **Heuristische Verfahren**, die einfacher als die mathematische Zuordnung sind, dafür aber keinen Anspruch an die Optimalität der Zuordnung stellen. Sie liefern „gute" Ergebnisse.

Beide Verfahren basieren auf sog. **potenziellen Nutzwerten**, die ein Mitarbeiter auf einer bestimmten Stelle erbringt. In einer Matrix werden die potenziellen Nutzwerte für alle Mitarbeiter auf allen zu besetzenden Stellen gesammelt. Wird ein Mitarbeiter einer konkreten Stelle zugewiesen, gilt der damit verbundene Nutzwert als realisiert. Die heuristischen, d. h. suchenden, Verfahren sind eine schnelle Lösung, wenn z. B. aus der Matrix der jeweils höchste Nutzwert als Indikator für eine Zuweisung gewählt wird und dann die Matrix durch Streichung des Mitarbeiters und der besetzten Stelle verkleinert wird.

---

[108] Vgl. Bühner, Personalmanagement, 2005, S. 126–129.

Für die tägliche Personalarbeit maßgeblicher ist die Problemstellung, dass **ein Mitarbeiter einer von wenigen möglichen Stellen neu zugeordnet** werden soll. Auslöser können ein Versetzungswunsch des Mitarbeiters, aber auch eine Karriere- oder Nachfolgeplanung sein.[109] Als Verfahren bietet sich eine stellenbezogene **Profilvergleichsmethode** an.[110]

Bei der Profilvergleichsmethode werden eine bestimmte Stelle und ihre Anforderungen mit den Qualifikationen des Mitarbeiters abgeglichen. Der Vergleich erfolgt detailliert, d. h., es werden einzelne Kriterien (z. B. Leistungsmotivation, Gewissenhaftigkeit, emotionale Stabilität etc.[111]) untersucht. Angestrebt wird eine vollständige Übereinstimmung von Anforderung und Qualifikation.

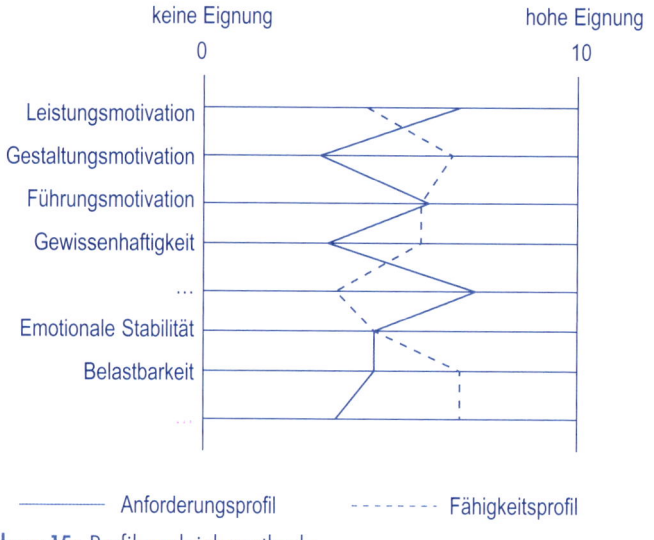

Abbildung 15: Profilvergleichsmethode

Jede Abweichung des Fähigkeitsprofils vom Anforderungsprofil ist **kritisch** zu sehen: Dann ist ein möglicher Stelleninhaber entweder **über- oder unterfordert**.

Anwendungsvoraussetzungen des Profilvergleichsverfahrens sind, dass Anforderungs- und Fähigkeitskriterien einander entsprechen und für die untersuchten Stellen und den Mitarbeiter zumindest ordinal gemessen worden sind.[112]

---

[109] Vgl. Drumm, Personalwirtschaft, 2008, S. 311.
[110] Vgl. Bühner, Personalmanagement, 2005, S. 130.
[111] Die genannten Kriterien sind ein Auszug aus den Kategorien des Bochumer Inventars zur berufsbezogenen Persönlichkeitsbeschreibung.
[112] Vgl. Bühner, Personalmanagement, 2005, S. 130.

Der hohe Aufwand bei der Durchführung der Profilvergleichsmethode kann minimiert werden, indem standardisierte Kriterienkataloge wie bei der Personalauswahl verwendet werden.

6.2.3 Mitbestimmung bei personellen Einzelmaßnahmen

Existiert ein Betriebsrat und hat das Unternehmen in der Regel **mehr als 20 wahlberechtigte Arbeitnehmer**, so ist die **Zuordnung von Mitarbeiter und Stelle** eventuell ein Vorgang, bei dem der Arbeitgeber die **Zustimmung des Betriebsrates** nach § 99 BetrVG benötigt.

§ 99 BetrVG behandelt die sog. **personellen Einzelmaßnahmen**. Darunter werden Einstellung, Eingruppierung, Umgruppierung und Versetzung verstanden. Ein- und Umgruppierung betreffen das Entgelt. Einstellung und Versetzung tangieren die Zuordnung von Mitarbeiter und Stelle:

- **Einstellung:** Damit ist nicht der Abschluss des Arbeitsvertrages, sondern die tatsächliche Aufnahme der Arbeit im Betrieb, also auch die erstmalige Zuordnung von Mitarbeiter und Stelle, zu verstehen.
- **Versetzung:** In § 95 Abs. 3 Satz 1 BetrVG wird diese definiert als „die Zuweisung eines anderen Arbeitsbereichs, die voraussichtlich die Dauer von einem Monat überschreitet oder die mit einer erheblichen Änderung der Umstände verbunden ist, unter denen die Arbeit zu leisten ist".

Der Betriebsrat kann seine Zustimmung verweigern. Der Arbeitgeber darf dann die Maßnahme nicht durchführen, kann aber das Arbeitsgericht um Prüfung und Zustimmung ersuchen. Wird diese verwehrt, kann die Maßnahme endgültig nicht durchgeführt werden. Andernfalls kann der Arbeitgeber die personelle Einzelmaßnahme nun auch gegen den Willen des Betriebsrats durchführen.

6.3 Personaleinarbeitung

Die **Personaleinarbeitung** meint hauptsächlich die **fachliche Einarbeitung**. Sie übernimmt die Aufgabe, durch Neueinstellung oder Versetzung erstmalig einer Stelle zugeordnete Mitarbeiter möglichst rasch auf das Leistungsniveau eines bereits eingearbeiteten Kollegen zu hieven. Es handelt sich bei der fachlichen Einarbeitung um eine Personalentwicklungsmaßnahme, die genau das Wissen und die Fähigkeiten für die übernommene Stelle vermittelt.

Notwendige Voraussetzung der fachlichen Einarbeitung ist die **formale Aufnahme der Arbeit** an der zugewiesenen Stelle. Die **soziale Integration** in das Unternehmen und das Arbeitsumfeld ist allenfalls ein **Nebenziel** der Einarbeitung.

Die **formale Aufnahme der Arbeit** entspricht dem ersten Tag im neuen Unternehmen bzw. in der neuen Abteilung/auf dem neuen Arbeitsplatz. Auch hierfür gilt es, diverse Punkte im Vorfeld zu regeln, damit der Arbeitsbeginn positiv vom Mitarbeiter erlebt wird. Dazu gehören:

- Beantragung und Ausfertigung von Mitarbeiterausweis/Zutrittskarte sowie der benötigten Zugangsdaten für das Firmennetz.
- Bereitstellung von Betriebsmitteln (z. B. im kaufmännischen Bereich: Schreibtisch, Bürostuhl und PC sowie Arbeitsgerät).
- Terminvereinbarung mit Dritten, wie – je nach Unternehmen – dem Betriebsarzt, dem Sicherheitsbeauftragen sowie weiteren Personen, die grundlegende Untersuchungen bzw. Unterweisungen durchführen.

Der Arbeitgeber unterliegt einer **Verpflichtung zur Einarbeitung**: § 81 Absatz 1 BetrVG bestimmt: „Der Arbeitgeber hat den Arbeitnehmer über dessen Aufgabe und Verantwortung sowie über die Art seiner Tätigkeit und ihre Einordnung in den Arbeitsablauf des Betriebs zu unterrichten." Zudem sind Unfall- und Gesundheitsgefahren zu erläutern und Gegenmaßnahmen vorzustellen.[113]

Checkliste zum Arbeitsbeginn

Als Hilfsmittel zur Organisation der Arbeitsaufnahme hat sich die Checkliste bewährt. Sie stellt im Kontext der Einarbeitung eine schriftliche Sammlung von wichtigen Punkten dar, die mit Blick auf den ersten Arbeitstag zu erledigen sind und bei Erledigung „abgehakt" werden. Mit einer Checkliste versucht man, Fehler zu unterbinden, da die Erledigung wichtiger Aufgaben nun nicht mehr vom Erinnerungsvermögen oder der Aufmerksamkeit des Verantwortlichen abhängt. Eine Checkliste lässt sich standardisieren und gilt dann für alle Vorbereitungen der Arbeitsaufnahme eines Unternehmens.
Eine typische Checkliste kann wie folgt aussehen:

Aufgabe	Verantwortlich	Bis wann?	Erledigt
Mitarbeiterausweis erstellen	Personalabteilung	3 Tage vor Arbeitsbeginn	☑
Sicherheitsunterweisung	Sicherheitsbeauftragter	Erster Tag	☐
…	…	…	☐

Tabelle 11: Muster einer Checkliste

---

[113] § 81 Abs. 1 BetrVG, Unterrichtungs- und Erörterungspflicht des Arbeitgebers.

> Checklisten zur Einarbeitung werden oftmals in einem größeren, unternehmensindividuellen Einarbeitungsplan festgehalten. Dieser wird unter Kap. 6.5 erläutert.

Die Art, „wie" man den einzuarbeitenden Mitarbeiter mit seinen „Aufgaben und Verantwortungen" vertraut macht und welche Hilfestellung dabei gegeben wird, beschreiben die folgenden Strategien:[114]

- **„Schonstrategie"**: Um neue Mitarbeiter nicht zu überfordern, werden zunächst bewusst geringe Leistungsansprüche an sie gestellt. Die künftige Arbeitsaufgabe wird vorerst nur in Teilen und nicht im vollen Umfang ausgeübt. Trainingsmaßnahmen begleiten den Wissens- und Fähigkeitsaufbau in der neuen Stelle.
- **„Wirf-ins-kalte-Wasser-Strategie"**: Neue Mitarbeiter übernehmen ab dem Arbeitsantritt die zugewiesenen Aufgaben in vollem Umfang. Eine langsame Einarbeitung findet somit nicht statt. Es gehört quasi zur Arbeitsaufgabe, erforderliche Informationen und Hilfestellungen selbst zu suchen und anzufragen.
- **„Entwurzelungsstrategie"**: Bewusst werden neue Mitarbeiter überfordert. Sie erhalten Aufgaben, die ohne Fachwissen und Hilfe der Führungskraft nicht lösbar sind. Dies zwingt neue Mitarbeiter, sehr hart zu arbeiten und sich entsprechende Hilfe einzuholen. Führungskräfte unterstreichen so den „Neuen" gegenüber ihre Macht und bringen diese „in die Spur".

Die für dieses **„Training on the job"** nutzbaren wissensvermittelnden Instrumente werden im folgenden Kapitel 7 dargestellt.

Vorteilhaft an der Konzentration auf die fachliche Einarbeitung ist, dass Mitarbeiter schnell das zu erwartende Leistungsniveau eines normalen Stelleninhabers erreichen. Sie werden damit früh produktiv und entlasten Kollegen und Vorgesetzte. **Nachteilig** ist, dass die starke Fokussierung auf Leistung jedoch die soziale Integration missachtet. Das wird das im Folgenden erläuterte Onboarding versuchen zu kompensieren.

6.4 Onboarding-Ansatz

Onboarding geht anders vor als die klassische Einarbeitung mit ihren zumeist fachlich ausgerichteten Ansätzen. Beim Onboarding übernimmt die Integrationskomponente der Einarbeitung die füh-

---

[114] Vgl. Kieser et al., Einführung neuer Mitarbeiter, 1990, S. 22–24.

rende Rolle: Neue Mitarbeiter sollen in das Unternehmen kulturell „aufgenommen" werden.[115]

> **Onboarding** ist ein Prozess, der neue Mitarbeiter darin unterstützt, sich an die Gegebenheiten des Unternehmens anzupassen, indem ihnen dafür notwendiges Wissen, Fähigkeiten, Verhaltensregeln, kulturelle Aspekte und Einstellungen übermittelt werden.[116]

Das Onboarding wird nach seinem Fokus in zwei Arten differenziert:[117]

- **Generelles Onboarding:** Es stellt jedem neuen Mitarbeiter unabhängig von dessen Stellenzuordnung/Position die Unternehmenskultur, die Firmengeschichte sowie Vision, Mission, Werte und Ähnliches vor.
- **Rollenspezifisches Onboarding:** Dieses enthält Einarbeitungsprozesse, die individuell auf die Rollenbeschreibung des Mitarbeiters abgestimmt sind. Inhalte unterscheiden sich nach der jeweiligen Rolle.

Dabei werden grundsätzlich drei Ebenen betrachtet: Ein erfolgreiches Onboarding umfasst die fachliche, soziale und werteorientierte Integration eines neuen Mitarbeiters:[118]

- Die **fachliche Integration** fordert, dass Mitarbeiter sich Wissen über das Unternehmen und das eigene Aufgabengebiet aneignen.
- **Soziale Integration** meint das Vertrautwerden mit den sozialen Kontakten im Arbeitsumfeld: Vorgesetzten, Kollegen und Kunden. Eine erfolgreiche soziale Integration zeichnet sich durch ein „Wir-Gefühl" aus.
- Die **werteorientierte Integration** betrachtet die Verinnerlichung von Werten, Zielen und Führungsgrundsätzen des Unternehmens durch den Mitarbeiter.

Die soziale und werteorientierte Integration kann man auch mit dem aus der Soziologie übernommenen Wort der „**Sozialisation**" umschreiben: Der Mitarbeiter kommt in ein neues berufliches Umfeld und interagiert mit diesem. Phasenmodelle unterscheiden verschiedene Schritte der Sozialisation:

---

[115] Vgl. Bradt/Vonnegut, Onboarding, 2009, S. 2f.
[116] In Anlehnung an Bauer et al., Fundamentals of human resource management, 2020, S. 190.
[117] Vgl. Davila/Pina-Ramirez, Effective Onboarding, 2018, S. 2.
[118] Vgl. Brenner, Onboarding, 2014, S. 7f.

6.5 Instrumente der Einarbeitung und Integration

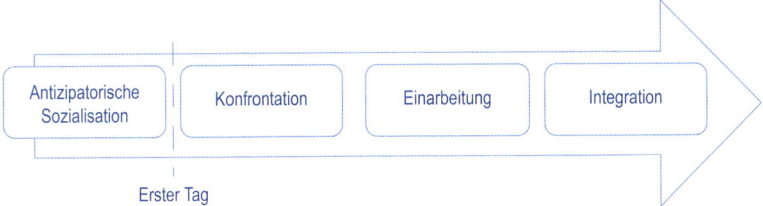

Abbildung 16: Phasen der Sozialisation[119]

Die Phasen haben folgende Inhalte:
- **Antizipatorische Sozialisation:** Sie beginnt mit dem Interesse für das Unternehmen und entspricht Teilen der „Candidate Journey"[120]. Jede Interaktion mit dem Unternehmen lässt bereits während des Rekrutierungsprozesses eine Vorstellung vom späteren Arbeitgeber reifen. Bewerber nehmen die Erfahrungen als Grundlage für eine Meinung darüber, „wie man bei dem Unternehmen ist/sein sollte". Dieses Bild verfestigt sich bis zum eigentlichen Arbeitsantritt.
- **Konfrontation:** Zeitlich sind damit der erste Arbeitstag sowie die ersten Arbeitswochen gemeint. In dieser Zeitspanne sind neue Mitarbeiter verunsichert. Sie spüren einerseits Freude am Neuen, andererseits die Unsicherheit, ob sie der Stelle und dem neuen Arbeitsumfeld gewachsen sind. Das Bild, das neue Mitarbeiter als Bewerber vom Unternehmen gewonnen haben, wird in der Konfrontationsphase einem ersten Realitätstest gegenübergestellt.
- **Einarbeitung:** Dies umfasst wie oben bereits beschriebene die Übernahme von Aufgaben und Verantwortung. Mitarbeiter geraten in unklare Situationen, in denen Informationen und Anweisungen fehlen, und müssen Lösungen finden, die zum Unternehmen und ihrem neuen Arbeitsplatz passen. Dies ist eine Herausforderung für die werteorientierte Integration.
- **Integration:** Diese letzte Sozialisationsphase wird erreicht, wenn Konfrontation und Einarbeitung überstanden sind. Das Unternehmen und der Mitarbeiter akzeptieren sich gegenseitig und bilden eine Einheit. Fachwissen, soziale Kontakte und das Wertekorsett des Unternehmens sind auf den Mitarbeiter übergegangen.

6.5 Instrumente der Einarbeitung und Integration

Neben dem oben bereits angesprochenen Instrument „Checkliste" gibt es Reihe weiterer Instrumente, die sowohl die klassische Ein-

---
[119] Quelle: Engelhardt, Neue Mitarbeiter einarbeiten, 2006, S. 27.
[120] Siehe Kap. 3.6.

arbeitung, aber insbesondere auch das Onboarding unterstützen können:

- Orientierungsseminare,
- Patenprogramme,
- Mentorenprogramme,
- Feedbackrunden,
- Einarbeitungsplan.

Diese werden in den folgenden Unterpunkten detailliert behandelt.

6.5.1 Orientierungsseminare

Orientierungsseminare sind Veranstaltungen für mehrere neue Mitarbeiter, die kürzlich in das Unternehmen aufgenommen wurden. Sie vermitteln den Neuen während eines ein- bis mehrtägigen Seminars Fakten und Routinen des Unternehmens. Geplant, durchgeführt und verantwortet werden diese Veranstaltungen von der Personalabteilung.

Inhalte eines Orientierungsseminars sind beispielsweise:

- Unternehmenskultur und gemeinsame Werte der Beschäftigten,
- Organisation des Unternehmens und Ansprechpartner,
- gegenseitige Erwartungen zwischen Arbeitgeber und Arbeitnehmer während der Zusammenarbeit,
- eine moderierte Führung durch den gesamten Betrieb mit Vorstellung der Ansprechpartner je Abteilung,
- Vorstellung organisatorischer Hilfsmittel wie Organisationshandbuch, Funktionendiagramm/RACI-Matrix sowie Prozesslandkarte und Verfahrensanweisungen,[121]
- Sicherheitsunterweisungen, Datenschutz und Arbeitsordnungen im Betrieb.

Orientierungsseminare werden nach Bedarf, d. h. wenn eine ausreichend große Anzahl Neueingestellter vorhanden ist, oder im festen Turnus, z. B. einmal im Quartal, angeboten.

6.5.2 Patenprogramme

Im Rahmen eines **Patenprogramms** unterstützt ein erfahrener, hierarchisch gleichgestellter Kollege (der sog. **Pate**) die soziale Integration und – in Grenzen – die fachliche Unterweisung des neuen Mitarbeiters. Zu den **Einzelaufgaben des Paten** gehören:

- Ansprechpartner des neuen Mitarbeiters in Fragen zum sozialen Umgang im Unternehmen.

---

[121] Vgl. Träger, Organisation, 2018, S. 87–91 sowie S. 170f.

- Einweisung in die örtlichen Gegebenheiten des Betriebs (Lage der Sozialräume, Kantine, Materialausgabe etc.).
- Aktive Wissensvermittlung über die informellen, d. h. ungeschriebenen Regeln des Unternehmens: Dies soll Sicherheit im sozialen Umgang schaffen, z. B. wie werden Geburtstage von Kollegen behandelt etc.
- Aktive Hilfestellung beim Aufbau eines Beziehungsgeflechts um den neuen Mitarbeiter, z. B. durch dessen Vorstellung im Kollegenkreis und bei Arbeitsgruppen.
- Kommunikation des Integrations- und Einarbeitungsfortschritts an Vorgesetzte und Personalabteilung.

Bei der **Auswahl** des Paten ist unbedingt auf dessen freiwillige Bereitschaft und Motivation zur Übernahme dieser Rolle zu achten.[122] Weiterhin muss der Pate über besonders ausgeprägte kommunikative und soziale Kompetenzen verfügen. Er sollte das Unternehmen langjährig kennen und sozial akzeptiert sein.

Gefahren des Patenprogramms sind, dass der Pate sich in der Rolle als „Neben-Vorgesetzter" etabliert und formale Weisungsbeziehungen untergraben werden können sowie dass Vorgesetzte und Kollegen die Einarbeitung und Integration vernachlässigen, da es „Job des Paten" ist.[123]

6.5.3 Mentorenprogramme

Bei einem **Mentorenprogramm** wird dem einzuarbeiten Mitarbeiter (auch als Mentee oder Protegé bezeichnet) ein erfahrener, meist hierarchisch höherstehender Mitarbeiter (der Mentor) zur Seite gestellt, um die Karriere des Mentees zu begleiten und zu fördern.

Üblicherweise besteht zwischen Mentee und Mentor kein direktes disziplinarisches oder fachliches Abhängigkeitsverhältnis.[124]

Der Aspekt der Karriereförderung ist der wesentliche Unterschied zu dem vorher beschriebenen Patenprogramm.[125] Entsprechend sind die **Aufgaben des Mentors** auf das Schaffen von Netzwerken und mentale Unterstützung fokussiert:

- Frühe Einbindung des Mentees in formale Gruppen und informelle Netzwerke, damit Erhöhung der Sichtbarkeit des Protegés,
- Förderung des Selbstwertgefühls und der Selbstsicherheit des Mentees in Phasen des Zweifels[126], damit Verbesserung der Verbleibenswahrscheinlichkeit in der Organisation,

---

[122] Vgl. Bröckermann, Personalwirtschaft, 2007, S. 175.
[123] Vgl. Watzka, Einführung neuer Mitarbeiter, 2014, S. 74.
[124] Vgl. Stock-Homburg, Personalmanagement, 2013, S. 259.
[125] Vgl. Ziegler, Mentoring, 2009, S. 11.
[126] Vgl. Stock-Homburg, Personalmanagement, 2013, S. 258.

- wohlwollendes Feedback zu Einarbeitung und Integration ohne disziplinarische Handhabe.

Für die **Auswahl** des Mentors gilt, dass nur die Personen als Mentor gewählt werden sollen, die ein tatsächliches Interesse daran haben. Eine erzwungene Rolle als Mentor wird auf Dauer nicht gewinnbringend für den Mentee und dessen Integration/Vernetzung im Unternehmen sein. Der Mentor muss seinerseits gut im Unternehmen vernetzt sein, über eine mehrjährige Erfahrung im Unternehmen verfügen und kommunikationsstark sowie sozialkompetent und empathisch sein.

6.5.4 Feedbackrunden

Feedbackrunden dienen der regelmäßigen Kommunikation zwischen neuen Mitarbeitern und Führungskräften. Es handelt sich um Gesprächstermine im kleinen Kreis, bei denen die Führungskraft die Arbeitsleistung und deren Veränderung aus Sicht des Unternehmens bewertet und so dem neuen Mitarbeiter eine Selbstkontrolle ermöglicht. Der Mitarbeiter stellt bei diesen Gesprächen seine Fortschritte bei Einarbeitung und Integration dar.

Weitere Themen der Feedbackrunden sind die Erwartungen des Mitarbeiters an das Unternehmen und deren Veränderung durch die konkrete Tätigkeit. Enttäuschte Erwartungen des Mitarbeiters sind ein Hauptgrund, warum während der Einarbeitung und Integration keine Mitarbeiterbindung aufgebaut werden kann.[127] Auch können Integrationsprobleme so frühzeitig erkannt und durch die Personalabteilung weiterverfolgt werden.

Feedbackrunden enthalten formal Elemente eines Beurteilungsgesprächs. Sie sind dennoch in einer „**wertschätzenden Atmosphäre auf Augenhöhe**" durchzuführen.[128] Stärken und Erfolge des neuen Mitarbeiters sind hervorzuheben, um positive Rückmeldung zu schaffen. Aber auch Kritik und Verbesserungspotenziale sind klar anzusprechen und mit Unterstützungsangeboten zu verbinden.

6.5.5 Einarbeitungsplan

Der **Einarbeitungsplan** koordiniert die oben genannten Instrumente und ihren zeitlichen Einsatz. Er stellt eine „Blaupause" für das Vorgehen bei Einarbeitungen dar.

> Der **Einarbeitungsplan** ist ein generelles Dokument, das für alle Einarbeitungen die Phasen der fachlichen Einarbeitung und sozialen Integration gliedert und Instrumente zur Umsetzung benennt. Das Dokument kann

---

[127] Vgl. Kieser et al., Einführung neuer Mitarbeiter, 1990, S. 88f.
[128] Vgl. Maiß/von Ameln, Probezeit professionell gestalten, 2015, S. 162.

als Vorlage dienen und wird dann für einzelne Einarbeitungen in Anbetracht der Stelle sowie des Wissens und der Fähigkeiten eines neuen Mitarbeiters angepasst.

Im Einarbeitungsplan finden sich Checklisten und Leitfäden für die Kommunikation mit neuen Mitarbeitern vor dem ersten Tag (Phase der antizipatorischen Sozialisation), dem ersten Tag sowie die folgenden Phasen von Konfrontation und Sozialisation.

Die Personalabteilung stellt im Einarbeitungsplan ihre Leistungen in Form der möglichen Unterstützung bei der Einarbeitung und Integration dar und benennt konkrete Ansprechpartner (z. B. für die Einrichtung eines Mentorings) für die Fachabteilungen und deren Vorgesetzte.

6.6 Kontrollfragen

Nachdem Sie das Kapitel bearbeitet haben, sollten Sie folgende Aufgaben beantworten können:

K 6-01 Erläutern Sie die Instrumente, mit deren Einrichtung das Personalmanagement die kurzfristige Personaldisposition z. B. einer Schichtleitung unterstützt.

K 6-02 Benennen Sie die während der Einarbeitung möglichen drei Strategien zur Übertragung von Aufgaben und Verantwortung an Mitarbeiter. Erläutern Sie jeweils, welche Inhalte die genannte Strategie hat.

K 6-03 Benennen Sie die Ihnen bekannten Instrumente zur Unterstützung der Einarbeitung/Integration und definieren Sie, was unter den genannten Begriffen zu verstehen ist.

K 6-04 Stellen Sie das Patenprogramm zur Einarbeitung/Integration ausführlich dar. Gehen Sie dabei auch auf die Aufgaben des Paten und die Anforderungen an seine Person ein.

K 6-05 Stellen Sie Paten- und Mentorenprogramme der Einarbeitung und Integration vergleichend einander gegenüber.

7 Personalentwicklung

„Unternehmen müssen dafür sorgen, dass die richtigen Mitarbeiter mit der richtigen Kompetenz an der richtigen Stelle eingesetzt werden."[129]
(Werner Sauter und Anne-Kathrin Staudt)

Nur selten entsprechen die Mitarbeiter mit ihren Kompetenzen genau dem Profil, das für ihre Tätigkeit ideal wäre. Daher ist es die Aufgabe der Personalentwicklung als ein Funktionsbereich des Personalmanagements, sich mit der persönlichen und fachlichen Entwicklung der Mitarbeiter zu beschäftigen. Durch die Entwicklung von Mitarbeitern wird dafür Sorge getragen, dass diese auf den Einsatz in zukünftigen Positionen vorbereitet werden, sodass ausgebildetes Personal auch zum benötigten Zeitpunkt zur Verfügung steht. Des Weiteren trägt die persönliche Entwicklung der Mitarbeiter zu einer steigenden Motivation bei. Unerfüllte Entwicklungsbedürfnisse wirken sich negativ auf die Motivation und die Arbeitszufriedenheit der Mitarbeiter aus. Die Personalentwicklung ist somit von strategischer Bedeutung für ein Unternehmen, denn nur fachlich qualifizierte und motivierte Mitarbeiter tragen zur Erreichung der Unternehmensziele und damit zum Unternehmenserfolg bei – sie stellen den größten Wettbewerbsvorteil eines Unternehmens dar.

Das Kapitel thematisiert die strategische Bedeutung von Personalentwicklung für den Erfolg eines Unternehmens. Dazu findet eine allgemeine Einführung in das Thema Personalentwicklung statt. Es werden die Grundlagen vermittelt und es wird weiterführend auf das Controlling von Personalentwicklung eingegangen.

---

[129] Sauter/Staudt, Kompetenzmessung in der Praxis, 2016, S. VII.

Lernziele

Dieses Kapitel behandelt die Grundlagen der Personalentwicklung. Nachdem Sie das Kapitel gelesen und nachvollzogen haben, können Sie:

- den Begriff Personalentwicklung definieren sowie seine Aufgaben und Ziele nennen,
- die Inhalte der Personalentwicklung kategorisieren und erläutern,
- die Begriffe Qualifikation und Kompetenz definieren und gegeneinander abgrenzen,
- die Berufsbildung und die berufsbegleitende Förderung erklären,
- Kompetenzmanagementmodelle klassifizieren sowie ausgewählte Modelle benennen und beschreiben,
- den Begriff Kompetenzentwicklung definieren,
- Verfahren zur Kompetenzmessung in Kategorien unterteilen und benennen,
- den Prozess der Personalentwicklung in seinen Schritten beschreiben,
- die Instrumente der Personalentwicklung nach qualifikationsorientierten und kompetenzorientierten Maßnahmen kategorisieren, benennen und erläutern,
- zwischen der Durchführung interner bzw. externer Personalentwicklungsmaßnahmen mittels rechnerischer und grafischer Kostenanalyse wählen und die jeweiligen Vor- und Nachteile nennen,
- den Begriff selbstorganisiertes Lernen definieren und in den Kontext der Lerntheorien einordnen,
- Kennzahlen und Modelle des Personalentwicklungs-Controllings aufzählen und erläutern.

7.1 Aufgaben und Ziele der Personalentwicklung

Aufgaben der Personalentwicklung sind die Planung und Durchführung zielgerichteter Maßnahmen zur Entwicklung der Mitarbeiter – sowohl persönlich wie auch beruflich.[130] Diese Maßnahmen können wissensvermittelnd, qualifikationsorientiert oder kompetenzorientiert sein.

> **Personalentwicklung** ist die „Förderung der beruflichen Handlungskompetenz."[131]

Das übergeordnete **Ziel der Personalentwicklung** ist, die Mitarbeiter zu befähigen, mit ihrem Handeln zur Erreichung der strategischen

---

[130] Vgl. Conradi, Personalentwicklung, 1983, S. 2.
[131] Solga/Ryschka/Mattenklott, Personalentwicklung: Gegenstand, Prozessmodell, Erfolgsfaktoren, 2008, S. 19

Unternehmensziele beizutragen.[132] Dafür bedarf es der Erfüllung einer Vielzahl untergeordneter Ziele – sowohl aus Unternehmenssicht wie auch aus Mitarbeitersicht. Dazu gehören:[133]

- Die Entwicklung von Wissen, Fähigkeiten und Einstellungen der Mitarbeiter.
- Die Mitarbeiter verfügen über die notwendigen Voraussetzungen und sind somit in der Lage, ihre Tätigkeiten erfolgreich auszuüben.
- Dies trägt zur langfristigen Sicherung eines qualifizierten Mitarbeiterbestands sowie zu dessen flexiblen Einsatz bei.
- Die Berücksichtigung persönlicher Interessen und Bedürfnisse im Rahmen der Personalentwicklung trägt einerseits zur Erreichung der persönlichen Individualziele der Mitarbeiter bei (Mitarbeiterziele) und andererseits zu einer steigenden Motivation, Zufriedenheit und Arbeitseffektivität (Unternehmensziele).
- Dies führt zum übergeordneten Ziel der Unterstützung der Unternehmensstrategie.

Die Unternehmensziele und die Individualziele der Mitarbeiter beeinflussen einander und sind daher nicht getrennt voneinander zu sehen. Eine Personalentwicklung, die die Individualziele der Mitarbeiter miteinbezieht, fördert somit die Erreichung der Unternehmensziele. Entscheidend für die Erreichung dieser Ziele ist darüber hinaus die Vermittlung der *richtigen Inhalte*.

7.2 Inhalte der Personalentwicklung

Die **Inhalte der Personalentwicklung** liegen der Unternehmensstrategie zugrunde, um die dort verankerten langfristigen Ziele des Unternehmens zu erreichen. Die Inhalte lassen sich in drei Kategorien unterteilen:[134]

- **Vermittlung von Fachwissen:** Die Vermittlung von Fachwissen umfasst sowohl das Faktenwissen wie auch das Methodenwissen. Hierbei geht es um die Erlangung theoretischer Kenntnisse.
- **Erweiterung von Fähigkeiten:** Bei der Erweiterung von Fähigkeiten geht es um den Ausbau methodischer, analytischer, sozialer und

---

[132] Vgl. Wien/Franzke, Systematische Personalentwicklung, 2013, S. 33.
[133] Vgl. Becker/Schwertner, Gestaltung der Personal- und Führungskräfteentwicklung, 2002, S. 89–92; Hentze, Personalwirtschaftslehre 1, 2001, S. 347–348; Heymann/Müller, Betriebliche Personalentwicklung, 1982, S. 152; Kastner, Personalmanagement heute, 1990, S. 176; Mentzel, Personalentwicklung, 2001, S. 9–11; Neuberger, Personalentwicklung, 1994, S. 1–3; Rowold, Human Resource Management, 2015, S. 173; Solga/Ryschka/Mattenklott, Personalentwicklung: Gegenstand, Prozessmodell, Erfolgsfaktoren, 2008, S. 19; Wien/Franzke, Systematische Personalentwicklung, 2013, S. 33.
[134] Vgl. Holtbrügge, Personalmanagement, 2010, S. 126–127.

interkultureller Fähigkeiten. Der Schwerpunkt liegt auf der praktischen Anwendung.
- **Bildung neuer Einstellungen:** Die Bildung neuer Einstellungen zeichnet sich durch Respekt und Toleranz gegenüber anderen Ansichten, Offenheit für Neues und Bereitschaft für lebenslanges Lernen aus.

Fachwissen lässt sich i. d. R. kurzfristig vermitteln. Fähigkeiten dagegen benötigen einen längeren Zeitraum, bis sie erfolgreich eingesetzt werden können. Die größte Herausforderung stellt die Bildung neuer Einstellungen dar, da diese in der Persönlichkeit eines Menschen verankert sind.[135]

7.2.1 Qualifikation und Kompetenz

Die **Qualifikation** bescheinigt formal erworbenes Wissen und Fertigkeiten. Sie wird i. d. R. anhand einer Prüfung nachgewiesen und durch ein Zeugnis dokumentiert.

Die **Kompetenz** ist die Fähigkeit, selbstorganisiert und kreativ zu denken und zu handeln, insbesondere in offenen, komplexen und dynamischen Situationen.[136] Der Erwerb einer Kompetenz wird nicht formal bescheinigt, ist jedoch im menschlichen Handeln beobachtbar.

 Eine **Qualifikation** ist **keine Kompetenz**. Eine Kompetenz kann eine formale Qualifikation miteinschließen, geht jedoch darüber hinaus.

7.2.2 Berufsbildung

Die Berufsbildung ist die Vermittlung von Wissen und Fertigkeiten, die zur Ausübung einer Beschäftigung qualifizieren. Bei der Berufsbildung handelt es sich um ein **Training into the Job**.[137]

Der berufspraktische Teil findet im Unternehmen selbst statt. Wohingegen der theoretische Teil in einer staatlichen Institution erfolgt, wie einer Berufsschule, Universität, Fachhochschule oder Ähnlichem. Die gesetzliche Grundlage hierfür bildet das Berufsbildungsgesetz (BBiG).

7.2.3 Berufsbegleitende Fortbildung

Die berufsbegleitende Fortbildung baut auf vorhandenen Qualifikationen auf und vertieft bzw. erweitert Wissen und Fähigkeiten

---

[135] Vgl. Holtbrügge, Personalmanagement, 2010, S. 127.
[136] Vgl. Erpenbeck/Rosenstiel, Einführung, 2007, S. XIX.
[137] Vgl. Becker, Personalentwicklung, 2009, S. 241–243.

auf fachlicher und sozialer Ebene.[138] Dabei können folgende Arten berufsbegleitender Fortbildung unterschieden werden:[139]

- **Training on the Job:** Training on the Job bezeichnet stellengebundene Personalentwicklungsmaßnahmen, die zur Ausübung einer Tätigkeit unmittelbar erforderlich sind. Sie finden direkt am Arbeitsplatz des Mitarbeiters statt. Dazu gehören, z. B. die Anlernung, Einarbeitung und Unterweisung durch erfahrene Kollegen.
- **Training near/ along the Job:** Training near bzw. along the Job bezeichnet stellenübergreifende Personalentwicklungsmaßnahmen. Sie werden wie folgt differenziert:
- **Training near the Job** findet in räumlicher Nähe zum Arbeitsplatz des Mitarbeiters statt. Dazu zählen z. B. Entwicklungsarbeitsplätze oder Qualitäts-bzw. Innovationszirkel. Bei Entwicklungsarbeitsplätzen handelt es sich um die Nachempfindung realer Arbeitsplätze, an denen Mitarbeiter Dinge ausprobieren können, ohne reale Konsequenzen fürchten zu müssen. Qualitäts- oder Innovationszirkel dienen dem Austausch zwischen Mitarbeitern, um von den Erfahrungen des anderen lernen zu können.
- **Training along the Job** ist eng damit verbunden. Die Maßnahmen finden parallel zur Tätigkeit des Mitarbeiters statt. Dazu gehören z. B. Mentoring oder Coaching. Beim Mentoring wird dem Mitarbeiter ein erfahrener Mentor zur Seite gestellt (meist unternehmensintern), der die berufliche und persönliche Entwicklung des Mitarbeiters durch Beratung, Information, Feedback und emotionale Unterstützung fördert. Beim Coaching wird dem Mitarbeiter ein Coach (meist unternehmensextern) zur Seite gestellt, der die berufliche Leistungsfähigkeit des Mitarbeiters durch Beratung fördert.
- **Training off the Job:** Training off the Job bezeichnet die traditionellen Personalentwicklungsmaßnahmen, die in räumlicher Distanz zum Arbeitsplatz des Mitarbeiters stattfinden. Dazu zählen z. B. klassische Präsenztrainings. Neuere Formen stellen virtuelle Trainings dar, auch E-Learnings genannt.

7.3 Modelle des Kompetenzmanagements

Kompetenzmanagementmodelle sind eine Zusammenstellung unternehmensspezifischer Kompetenzen, die für die Mitarbeiter als er-

---

[138] Vgl. Scholz, Grundzüge des Personalmanagements, 2014, S. 265.
[139] Vgl. Bühner, Personalmanagement, 2005, S. 111; Conradi, Personalentwicklung, 1983, S. 22 und S. 25; Hentze, Personalwirtschaftslehre 1, 2001, S. 377; Neuberger, Personalentwicklung, 1994, S. 63–64; Wunderer, Führung und Zusammenarbeit, 2003, S. 361.

forderlich erachtet werden. Die Auswahl von Kompetenzen kann sich je nach Unternehmen durchaus unterscheiden, da diese aus der jeweiligen Unternehmensstrategie abgeleitet werden – mit dem Ziel, die strategischen Unternehmensziele zu erreichen. Kompetenzmanagementmodelle machen die Entwicklung von Kompetenzen messbar und beurteilbar.

7.3.1 Klassifikation von Kompetenzmanagementmodellen

Kompetenzmanagementmodelle lassen sich in zwei Arten klassifizieren – eigenschaftsbasierte Kompetenzmanagementmodelle und aufgabenorientierte Kompetenzmanagementmodelle:[140]

- **Eigenschaftsbasierte Kompetenzmanagementmodelle:** Eigenschaftsbasierte Kompetenzmanagementmodelle werden nach einem eher normativen Ansatz entwickelt. Sie umfassen die Persönlichkeitseigenschaften, die idealerweise zur Ausübung einer Tätigkeit vorhanden sind. Die Modelle gelten übergeordnet für alle Mitarbeiter eines Unternehmens.
- **Aufgabenorientierte Kompetenzmanagementmodelle:** Aufgabenorientierte Kompetenzmanagementmodelle dagegen werden nach einem eher analytischen Ansatz entwickelt. Sie umfassen die Kompetenzen, die zur Erledigung einer spezifischen Aufgabe erforderlich sind. Für jeden Funktionsbereich eines Unternehmens sind daher eigene Modelle zu entwickeln.

7.3.2 Ausgewählte Kompetenzmanagementmodelle

Der **Kompetenzatlas von Heyse und Erpenbeck** stellt eines der meistverbreiteten Kompetenzmanagementmodelle dar. Die Autoren unterscheiden vier Kompetenzbereiche – die personale Kompetenz, die aktivitätsbezogene Kompetenz, die fachlich-methodische Kompetenz und die sozial-kommunikative Kompetenz:[141]

- **Personale Kompetenz:** Mitarbeiter mit einer hohen personalen Kompetenz werden als Vorbild gesehen. Sie sind in hohem Maße loyal und gerecht. Gleichzeitig besteht die Gefahr, dass sie sich zu sehr von ihren Emotionen leiten lassen.
- **Aktivitätsbezogene Kompetenz:** Mitarbeiter mit einer hohen aktivitätsbezogenen Kompetenz sind dynamisch und risikobereit. Sie übernehmen Verantwortung, sind gleichzeitig aber auch bereit, hohe Risiken einzugehen.

---

[140] Vgl. Paschen, Kompetenzmodelle, 2003, S. 55–57.
[141] Vgl. Erpenbeck/Sauter, So werden wir lernen!, 2013, S. 34–35; Heyse, Verfahren zur Kompetenzermittlung und Kompetenzentwicklung, 2010, S. 82.

7.3 Modelle des Kompetenzmanagements

- **Fachlich-methodische Kompetenz:** Mitarbeiter mit einer hohen fachlich-methodischen Kompetenz arbeiten analytisch und methodisch. Sie sind sachorientiert und verlässlich, vernachlässigen teilweise jedoch die menschliche Komponente.
- **Sozial-kommunikative Kompetenz:** Mitarbeiter mit einer hohen sozial-kommunikativen Kompetenz haben ein feines Gespür für die Gefühle anderer. Sie vermitteln bei Konflikten und schaffen es, Lösungen zu erzielen, dabei vergessen sie jedoch zuweilen, den eigenen Standpunkt zu vertreten.

Auf Basis dieser vier Kompetenzbereiche wurde der sog. **KODE-Kompetenzatlas** (KODE = Kompetenz-Diagnose und -Entwicklung) entwickelt, der **64 Teilkompetenzen** umfasst. Den Kompetenzatlas visualisiert die folgende Abbildung:

	P	P/A	A/P	A	
Personale Kompetenz	Loyalität / Normativ-ethische Einstellung / Glaubwürdigkeit / Eigenverantwortung	Einsatzbereitschaft / Schöpferische Fähigk.	Selbstmanagement / Offenheit	Entscheidungsfähigkeit / Innovationsfreudigkeit	Gestaltungswille / Belastbarkeit	Tatkraft / Ausführungsbereitschaft	Mobilität / Initiative	**Aktivitäts- und Handlungskompetenz**
	P/S	P/F	A/S	A/F	
	Humor / Mitarbeiterförderung / Hilfsbereitschaft / Delegieren	Lernbereitschaft / Disziplin	Ganzheitliches Denken / Zuverlässigkeit	Optimismus / Impulsgeben	Soziales Engagement / Schlagfertigkeit	Ergebnisorientiertes Handeln / Beharrlichkeit	Zielorientiertes Führen / Konsequenz	
	S/P	S/A	F/P	F/A	
Sozial-kommunikative Kompetenz	Konfliktlösungsfähigkeit / Teamfähigkeit / Integrationsfähigkeit / Kundenorientierung	Akquisitionsstärke / Experimentierfreude	Problemlösungsfähigkeit / Beratungsfähigkeit	Wissensorientierung / Sachlichkeit	Analytische Fähigk. / Urteilsvermögen	Konzeptionsstärke / Fleiß	Organisationsfähigkeit / Syst.-method. Vorgehen	**Fach- und Methodenkompetenz**
	S	S/F	F/S	F	
	Kommunikationsfähigkeit / Beziehungsmanagement / Kooperationsfähigkeit / Anpassungsfähigkeit	Sprachgewandtheit / Pflichtgefühl	Verständnisbereitschaft / Gewissenhaftigkeit	Projektmanagement / Lehrfähigkeit	Folgebewusstsein / Fachliche Anerkennung	Fachwissen / Planungsverhalten	Marktkenntnisse / Fachübergreifende Kenntnisse	

Abbildung 17: Kompetenzatlas nach Heyse/Erpenbeck[142]

Das **Kompetenzmodell nach Gnahs** ist ein weiteres weitverbreitetes Kompetenzmanagementmodell. Gnahs unterscheidet zwei Kompetenzbereiche – die Fachkompetenzen und die überfachlichen Kompetenzen:[143]

- **Fachkompetenzen:** Die Fachkompetenzen sind auf ein Themenfeld spezialisierte Kenntnisse und damit fachgebunden.

---
[142] In Anlehnung an Erpenbeck/Sauter, So werden wir lernen!, 2013, S. 35.
[143] Vgl. Gnahs, Kompetenzen, 2010, S. 17–21; Strauch/Jütten/Mania, Kompetenzerfassung in der Weiterbildung, 2009, S. 17–18.

- **Überfachliche Kompetenzen:** Überfachliche Kompetenzen umfassen soziale Kompetenzen, methodische Kompetenzen und personale Kompetenzen. Sie sind fachungebunden.

Das Kompetenzmodell visualisiert die folgende Abbildung:

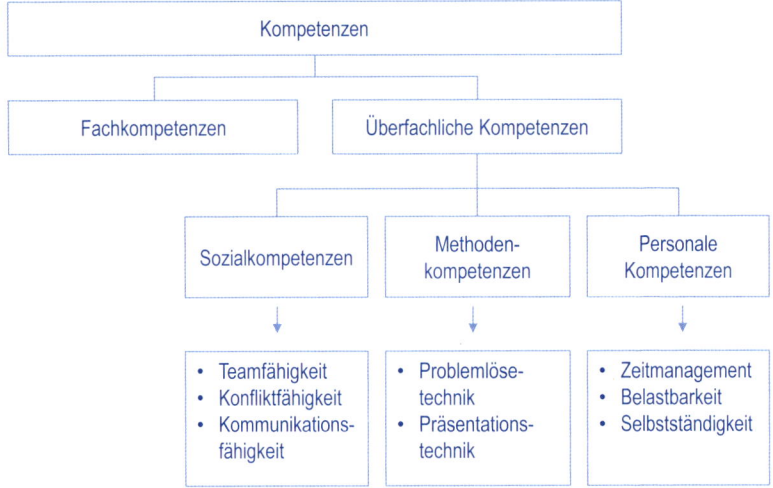

Abbildung 18: Kompetenzmodell nach Gnahs[144]

7.3.3 Kompetenzentwicklung und -messung

Kompetenzen sind einer planmäßigen, zielgerichteten Entwicklung zugänglich. Damit können bestimmte Kompetenzen erstmalig vermittelt oder weiter gestärkt werden.

> **Kompetenzentwicklung** ist der Prozess, in dem die fachlichen, sozialen, methodischen und/oder personalen Kompetenzen aufgebaut werden.[145]

Zur **Messung von Kompetenzen** hat sich eine Vielzahl unterschiedlicher Messverfahren etabliert. Sie lassen sich in drei Kategorien differenzieren – die quantitative Kompetenzmessung, die qualitative Kompetenzmessung und das Mischverfahren:[146]

- **Quantitative Kompetenzmessung:** Die quantitative Kompetenzmessung ist eher statisch und auf die Überprüfung zuvor festgelegter Annahmen ausgerichtet. Sie erfolgt z. B. durch einen Test.

---

[144] In Anlehnung an Gnahs, Kompetenzen, 2010, S. 18.
[145] Vgl. Strauch/Jütten/Mania, Kompetenzerfassung in der Weiterbildung, 2009, S. 19.
[146] Vgl. Erpenbeck, Zwischen exakter Nullaussage und vieldeutiger Beliebigkeit, 2012, S. 20–21.

- **Qualitative Kompetenzmessung:** Die qualitative Kompetenzmessung ist deutlich flexibler und berücksichtigt individuelle Handlungsweisen. Sie findet z. B. durch eine systematische Beobachtung statt.
- **Mischverfahren:** Das Mischverfahren stellt eine Kombination aus quantitativer und qualitativer Kompetenzmessung dar. Häufig findet dieses z. B. in Form eines Assessment Centers statt.

Unabhängig davon, welches Verfahren zur Messung von Kompetenzen eingesetzt wird, ist auf die Einhaltung der allgemeinen Gütekriterien zu achten. Mit dem Ziel, aussagefähige und vergleichbare Ergebnisse zu ermitteln.

7.4 Prozess der Personalentwicklung

Der Prozess der Personalentwicklung erfolgt in mehreren Schritten – die Analyse der betrieblichen Anforderungen, die Qualifikations- und Potenzialanalyse der Mitarbeiter, die Feststellung des Entwicklungsbedarfs, die Planung und Durchführung der Personalentwicklungsmaßnahmen sowie die Kontrolle der Zielerreichung.

7.4.1 Analyse der betrieblichen Anforderungen

Den ersten Schritt im Personalentwicklungsprozess stellt die Analyse der betrieblichen Anforderungen dar. Dies erfolgt durch die Erstellung eines Anforderungsprofils, in dem die aktuellen und zukünftigen Anforderungen an einen Mitarbeiter ermittelt werden. Das Anforderungsprofil kann anhand unterschiedlicher Instrumente ermittelt werden, z. B. mit einem Organisationsplan, einem Stellenplan oder einer Stellenbeschreibung.[147] Auf Basis der daraus gewonnenen Informationen kann auf die erforderlichen Qualifikationen geschlossen werden.[148]

7.4.2 Qualifikations- und Potenzialanalyse der Mitarbeiter

Den zweiten Schritt stellt die Qualifikations- und Potenzialanalyse der Mitarbeiter dar. Die **Qualifikationsanalyse** klärt über die bereits bestehenden Kenntnisse und Fähigkeiten eines Mitarbeiters auf (Ist-Qualifikation). Diese können durch den Einsatz unterschiedlicher Instrumente ermittelt werden, wie z. B. der Mitarbeiterbeurteilung oder des Mitarbeitergespräches. Die **Potenzialanalyse** gibt Aufschluss über das Potenzial eines Mitarbeiters, sich für zukünftig andere oder höherwertige Aufgaben zu qualifizieren. Ein mögliches

---
[147] Vgl. Bühner, Personalmanagement, 2005, S. 99.
[148] Vgl. Hentze, Personalwirtschaftslehre 1, 2001, S. 374.

Instrument zur Ermittlung des Potenzials ist z. B. das Testverfahren. Das Potenzial stellt dabei die Obergrenze der zu erreichenden Fähigkeiten und Kenntnisse dar und wird stark von den persönlich gesetzten Entwicklungszielen eines Mitarbeiters beeinflusst.[149]

7.4.3 Feststellung des Entwicklungsbedarfs

Der dritte Schritt ist die **Feststellung des Entwicklungsbedarfs**. Hierzu dient die Profilvergleichsmethode, bei der die ermittelten betrieblichen Anforderungen an einen Mitarbeiter den bestehenden Kenntnissen und Fähigkeiten des Mitarbeiters gegenübergestellt werden. Ein Entwicklungsbedarf entsteht, wenn sich Diskrepanzen zwischen den Anforderungen an einen Mitarbeiter und dessen Qualifikation ergeben. Hierbei kann es sich sowohl um Defizite wie auch um Qualifikationsreserven handeln. Eine Unterdeckung der betrieblichen Anforderungen kann durch kurzfristige Entwicklungsmaßnahmen bzw. die Versetzung des Mitarbeiters auf eine besser passende Stelle gelöst werden. Eine Überdeckung der betrieblichen Anforderungen sollte die Versetzung des Mitarbeiters auf eine anspruchsvollere Stelle zur Folge haben. Anderenfalls kann die Überqualifizierung zu Unterforderung und Unzufriedenheit des Mitarbeiters führen.[150]

7.4.4 Planung und Durchführung der Personalentwicklungsmaßnahmen

Der vierte Schritt ist die Planung und Durchführung der Personalentwicklungsmaßnahmen. Aus dem zuvor festgestellten Entwicklungsbedarf werden nun konkrete Entwicklungsmaßnahmen abgeleitet. Diese können stellengebunden, stellenungebunden, oder stellestellenübergreifend sein. Die Entwicklungsmaßnahmen sollten dabei die individuellen Entwicklungsziele des Mitarbeiters berücksichtigen, die je nach Lebensplan sehr unterschiedlich sein können. Anderenfalls können sich unerfüllte Entwicklungsbedürfnisse negativ auf die Motivation und die Arbeitszufriedenheit auswirken.[151]

> Personalentwicklungsmaßnahmen führen nur dann zum Erfolg, wenn der Mitarbeiter grundsätzlich interessiert ist und daran teilnehmen möchte. Allein die Voraussetzungen für eine Qualifikation zu erfüllen reicht nicht aus. Der Mitarbeiter muss es nicht nur *können*, sondern auch *wollen*.

---

[149] Vgl. Bühner, Personalmanagement, 2005, S. 101 und S. 104; Humm, Die Ermittlung von Ausbildungsbedürfnissen für Führungskräfte als Grundlage von Schulungsmaßnahmen, 1978, S. 37–39; Strube, Mitarbeiterorientierte Personalentwicklungsplanung, 1982, S. 30.
[150] Vgl. Bühner, Personalmanagement, 2005, S. 106.
[151] Vgl. Bühner, Personalmanagement, 2005, S. 111, S. 114 und S. 116; Strube, Mitarbeiterorientierte Personalentwicklungsplanung, 1982, S. 30.

7.4.5 Kontrolle der Zielerreichung

Den fünften und letzten Schritt stellt die Kontrolle der Zielerreichung dar. Hierbei wird anhand einer Lernerfolgskontrolle die erfolgreiche Vermittlung der Lerninhalte sowie ihr Transfer in die unternehmerische Praxis überprüft. Die Kontrolle des Entwicklungserfolgs dient als Referenz für die zukünftige Planung von Personalentwicklungsmaßnahmen.[152]

7.5 Instrumente der Personalentwicklung

Die Instrumente der Personalentwicklung lassen sich in wissensvermittelnde (eher qualifikationsorientierte) Maßnahmen und kompetenzorientierte Maßnahmen unterteilen.

7.5.1 Wissensvermittelnde, qualifikationsorientierte Maßnahmen

Bei wissensvermittelnden, qualifikationsorientierten Maßnahmen steht die Vermittlung von *Wissen* im Mittelpunkt – sowohl Faktenwissen wie auch Methodenwissen. Mögliche Maßnahmen sind z. B. die Vier-Stufen-Methode, Vorlesungen und Präsenzseminare oder E-Learning.

7.5.1.1 Vier-Stufen-Methode

Bei der **Vier-Stufen-Methode** handelt es sich um einen **handlungsorientierten Ansatz** zur Vermittlung motorischer Fähigkeiten. Er ist typischer Bestandteil bei der Ausbildung von handwerklichen Berufen und findet direkt am Arbeitsplatz des Mitarbeiters statt (Training on the Job). Voraussetzung für den Einsatz der Methode sind manuelle und monotone Arbeitsabläufe. Ziel ist es, durch den handlungsorientierten Ansatz des Vormachens und Nachmachens die Ausführung einer Arbeitsaufgabe schnell und einfach zu vermitteln. Die Methode erfolgt in den **vier Schritten Vorbereitung, Vorführung, Ausführung** und **Abschluss**:[153]

- **Schritt 1: Vorbereitung**
  - Vorbereitung der benötigten Materialien
  - Gute Beobachterposition für alle Lernenden schaffen
  - Interesse am Thema wecken
  - Mögliche Vorkenntnisse der Lernenden aktivieren
- **Schritt 2: Vorführung**
  - Schrittweise Vorführung

---

[152] Vgl. Drumm, Personalwirtschaft, 2008, S. 341.
[153] Vgl. Watzka, Einführung neuer Mitarbeiter, 2014, S. 78.

- Sicherstellung einer aufmerksamen Beobachtung aller Lernenden
- Erklärung *Was*, *Wie* und *Warum*
- Hinweis auf typische Fehler
- Fragen einfordern und beantworten
- **Schritt 3: Ausführung**
  - Lernender führt das Vorgeführte selbst aus.
  - Lernender erklärt dabei das *Was*, *Wie* und *Warum*.
  - Vorgang wird mehrfach unter Aufsicht wiederholt.
  - Lehrender weist auf Fehler hin und greift bei Bedarf ein.
- **Schritt 4: Abschluss**
  - Lernender übt selbstständig.
  - Lehrender beobachtet stichprobenartig.
  - Abschließend fasst der Lernende den gesamten Vorgang mündlich zusammen und begründet sein Vorgehen.
  - Lehrender begleitet die Ausführung der Lernenden und lobt die Lernfortschritte.

7.5.1.2 Vorlesungen und Präsenzseminare

Vorlesungen und Präsenzseminare stellen ein traditionelles Instrument der Personalentwicklung zur Wissensvermittlung dar. Für eine spezielle Zielgruppe ausgewählte Lerninhalte werden durch einen fachkundigen Experten in komprimierter Form dargestellt und vermittelt.[154] Vorlesungen und Präsenzseminare können sich dabei hinsichtlich der Aktivität der Lernenden durchaus voneinander unterscheiden.

Bei **Vorlesungen** handelt es sich primär um eine frontale Lehrveranstaltung mit wenig bis gar keiner Interaktion durch die Lernenden. Bei **Präsenzseminaren** dagegen werden die Lernenden verstärkt durch die eigenständige Erarbeitung von Lerninhalten, deren Präsentation und weiterführende Diskussion miteinbezogen. Der aktive Anteil der Lernenden kann je nach Gestaltung eines Präsenzseminares variieren, nimmt jedoch einen deutlich geringeren Anteil als der vom Experten vermittelte Theorieteil ein.

7.5.1.3 E-Learning

E-Learning stellt ein neueres Instrument der Personalentwicklung dar, das sich im Zuge der Digitalisierung etabliert hat. E-Learning bezeichnet alle Lernformen, bei denen elektronische oder digitale Medien zur Vermittlung von Lerninhalten eingesetzt werden. E-Learning wird auch als elektronisch unterstütztes Lernen bezeich-

---

[154] Vgl. Holtbrügge, Personalmanagement, 2010, S. 130–131.

7.5 Instrumente der Personalentwicklung

net.[155] Dabei kann es sich z.B. um ein Web-Based Training (WBT), ein Computer Based Training (CBT) oder Ähnliches handeln. Bei einem WBT werden die Lerninhalte direkt im Internet bereitgestellt (öffentlich sichtbar oder nur für ausgewählte Lernende). Bei einem CBT dagegen ist die Nutzung der Lerninhalte erst möglich, wenn diese auf den jeweiligen Computer des Lernenden geladen wurden. Der Zugriff findet somit internetunabhängig über einen Datenträger statt. E-Learning bietet die Möglichkeit, selbstbestimmt, an das eigene Lerntempo angepasst sowie orts- und zeitunabhängig zu lernen. Es stellt für Unternehmen eine kostengünstige Alternative zur Präsenzveranstaltung dar.

7.5.2 Kompetenzorientierte Maßnahmen

Bei kompetenzorientierten Maßnahmen steht die Vermittlung von *Kompetenzen* im Mittelpunkt. Mögliche Maßnahmen sind z.B. Workshops, Rollenspiele, Planspiele oder Serious Games.

7.5.2.1 Workshops

Workshops stellen ein weiteres Instrument der Personalentwicklung dar, bei der die Lernenden in Kleingruppen aktiv an einem Thema arbeiten (kooperative Arbeitsweise). Dabei wird ein zuvor festgelegtes Thema bearbeitet, die Ergebnisse werden präsentiert und anschließend diskutiert. Der Praxisteil ist dabei größer als der Theorieteil und macht den Unterschied zum Seminar aus.

7.5.2.2 Rollenspiele

In Rollenspielen wird ein fiktives oder reales Problem dargestellt und eine Problemlösung entwickelt. Der Schwerpunkt dabei liegt auf der Bewältigung von Konfliktsituationen sowie der Verhandlung aus unterschiedlichen Interessenperspektiven. In realitätsnahen Rollen vertreten die Lernenden einen festgelegten Standpunkt bzw. legen eine Problemlösung vor und versuchen, die andere Interessengruppe davon zu überzeugen. Ziel des Rollenspiels ist, eine Auseinandersetzung in simulierter Form zu erproben. Dabei kann es sich z.B. um eine Gehaltsverhandlung handeln.[156]

7.5.2.3 Planspiele

In Planspielen erfolgt eine Erarbeitung von Problemlösungen anhand von Gruppendiskussionen. Dabei werden gesamtunternehmerische Entscheidungsprozesse über einen längeren Zeitraum simuliert. Sie

---

[155] Vgl. Bürg/Mandl, Akzeptanz von E-Learning im Unternehmen, 2004, S. 3.
[156] Vgl. Bühner, Personalmanagement, 2005, S. 116; Holtbrügge, Personalmanagement, 2010, S. 131.

werden möglichst realitätsnah ausgelegt, um eine größtmögliche Vorbereitung auf die Wirklichkeit zu bieten. In Planspielen ist der Lernende dazu aufgefordert, Probleme zu verstehen, Zusammenhänge zu erkennen, Entscheidungen zur Problemlösung zu treffen und die Konsequenzen der getroffenen Entscheidungen zu erfahren. Eine simulierte Wirklichkeit hat den Vorteil, dass das Handeln keine realen Konsequenzen nach sich zieht. Zusätzlich fördert es die Kreativität, auch ungewöhnliche Vorgehensweisen zur Problemlösung auszuprobieren.[157]

7.5.2.4 Serious Games

Serious Games sind digitale Spiele, die primär einen Bildungszweck verfolgen und erst in zweiter Linie der Unterhaltung dienen.[158] Auf Basis des explorativen Lernansatzes soll der Lernende in der fiktiven Welt des Spiels Sachverhalte entdecken, Problemlösungen erarbeiten, Wissen generieren und dieses Wissen auf die reale Welt übertragen. Bei jeder Spielhandlung findet somit ein Lernprozess im engeren Sinne statt. Serious Games vermitteln sowohl deklaratives Wissen in Form von Fakten wie auch prozedurales Wissen in Form von Handlungsweisen. Durch das gezielte Eintauchen in eine fiktive Spielumgebung und dem damit verbunden Spaßfaktor findet das Lernen eher beiläufig statt, ohne dass der Lernende wesentliche Kenntnis davon nimmt (implizites Lernen). Der Faktor „Spaß" wird somit zu didaktischen Zwecken genutzt, um eine intrinsische Lernmotivation hervorzurufen. Der Begriff Serious Game wird häufig synonym mit themenverwandten Begriffen wie Educational Game, Edutainment, Digital Game Based Learning oder Ähnlichem verwendet.

7.6 Durchführung der Personalentwicklungsmaßnahmen

Für die Durchführung einer Personalentwicklungsmaßnahme ist festzulegen, durch wen diese inhaltlich erbracht werden soll. Die folgenden Unterpunkte stellen die Akteure sowie die begleitenden Überlegungen vor.

7.6.1 Interne und externe Durchführung als Wahlentscheidung

Soll eine Personalentwicklungsmaßnahme, z. B. ein Workshop oder ein Seminar, durchgeführt werden, steht der Personalbereich vor einer Entscheidung: Wird die Maßnahme intern durchgeführt, d. h.

---

[157] Vgl. Bühner, Personalmanagement, 2005, S. 116.
[158] Vgl. Abt, Ernste Spiele, 1971, S. 26.

7.6 Durchführung der Personalentwicklungsmaßnahmen

mit einem eigens engagierten Trainer oder unter der Leitung eines internen Mitarbeiters, oder bedient man sich eines externen Dienstleisters, z. B. eines Seminaranbieters, und bucht dessen Kurse?

Bei der Wahl zwischen einer internen und einer externen Durchführung einer Personalentwicklungsmaßnahme handelt es sich um ein klassisches „Make-or-Buy"-Problem. Es liegt ein Optimierungsproblem zwischen der Eigenerstellung der Bildungsmaßnahme und deren externem Zukauf vor.

Zunächst lassen sich die Vor- und Nachteile der Durchführungswege gegeneinander abwägen:

Interne Durchführung einer Personalentwicklungsmaßnahme	
Vorteile:	**Nachteile:**

• Interner Trainer kennt das Arbeitsumfeld, daher
  – Bezug auf konkrete Arbeitssituationen sowie
  – Transferbildung (beinhaltet die Bedarfsorientierung) möglich
• Einfachere Terminfindung
• i. d. R. kostengünstiger als externe Durchführung
• Bekannte Umgebung für die Teilnehmer bei „In-House-Durchführung"
	• Kleines Angebot an internen Trainern
	• Mangelndes Methodenwissen der internen Trainer, da diese einen anderen „Hauptberuf" haben
	• Keine neuen Impulse wegen „Betriebsblindheit"
	• Mangelnde Akzeptanz des Trainers in seiner Position als „Kollege"

Tabelle 12: Vor-/Nachteile der internen Durchführung einer Personalentwicklungsmaßnahme

Externe Durchführung einer Personalentwicklungsmaßnahme	
Vorteile:	**Nachteile:**

• Breites Angebot an Schulungsmaßnahmen und professionellen Trainern
• Passende Rahmenqualifikationen verfügbar, z. B.:
  – Rhetorik
  – Fremdsprachen
• Didaktische Spezialisierung:
  – Ständig aktuelles Methodenwissen
  – Besserer didaktischer Hintergrund
• Erfahrungen aus anderen Unternehmen
	• Externer Trainer kennt das Umfeld nicht
	• Betriebliche Anforderungen werden nicht berücksichtigt
	• Qualität der Maßnahme ist zunächst unbekannt

Tabelle 13: Vor-/Nachteile der externen Durchführung einer Personalentwicklungsmaßnahme

Neben den oben genannten, eher qualitativen Argumenten kann das Entscheidungsproblem auch durch eine Kostenbetrachtung gelöst werden. Voraussetzung für deren Anwendbarkeit ist, dass sowohl interne als auch externe Durchführung grundsätzlich möglich und qualitativ/inhaltlich weitgehend vergleichbar sind.

Zur Entscheidung werden die Kostenverläufe der internen sowie externen Durchführung ermittelt. Gesucht wird der Schnittpunkt zwischen beiden Kostengeraden. Er entspricht dem „Break-Even-Point", ab dem ein Wechsel der Durchführungsart wirtschaftlich sinnvoll ist.

Das folgende Verfahren ist anwendbar, wenn

- die Kostenverläufe beider Durchführungswege linear sind,
- die Kostengeraden unterschiedliche Steigungen aufweisen.

Für eine Lösung werden folgende Werte benötigt:

- $K_{int, fix}$ ... Fixkosten einer internen Durchführung (z. B. Kosten des Trainers)
- k_{int} ... variable Kosten je internen Teilnehmer (z. B. für Seminarunterlagen, Catering)
- k_{ext} ... variable Kosten je externe Buchung (entspricht Seminarpreis je Teilnehmer)

Fixkosten einer externen Durchführung gibt es üblicherweise nicht, da die Personalentwicklungsmaßnahme am externen Markt zu einem Preis angeboten wird, der die fixen Kosten des Anbieters umgelegt hat.

7.6 Durchführung der Personalentwicklungsmaßnahmen 121

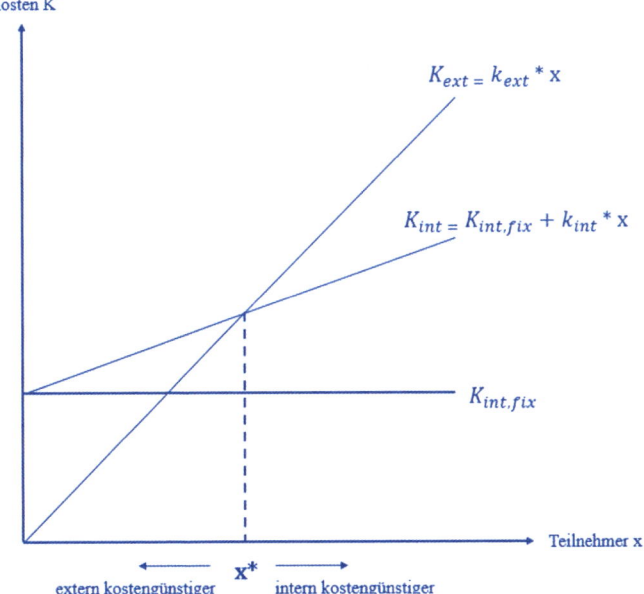

Abbildung 19: Grafische Lösung zur Wahlentscheidung zwischen interner und externer Durchführung einer Personalentwicklungsmaßnahme

Für eine mathematische Lösung müssen die beiden Kostenverläufe K_{int} und K_{ext} gleichgesetzt und nach x, der Anzahl der Teilnehmer (TN), aufgelöst werden.

$$K_{ext} = K_{int}$$
$$k_{ext} * x = K_{int,fix} + k_{int} * x$$
$$k_{ext} * x - k_{int} * x = K_{int,fix}$$
$$x * (k_{ext} - k_{int}) = K_{int,fix}$$
$$x = \frac{K_{int,fix}}{k_{ext} - k_{int}}$$

Abbildung 20: Mathematische Umformung und Auflösung nach x

> **Rechenbeispiel: Interne und externe Durchführung als Wahlentscheidung**
> Interne Kosten: fix = 1.000 EUR, variabel = 100 EUR/TN, Externe Kosten = 250 EUR/TN
>
> $$x = \frac{1000 \text{ EUR}}{250 \text{ EUR/TN} - 100 \text{ EUR/TN}} = 6{,}67 \text{ TN}$$
>
> Lösung: Bis 6 Teilnehmer ist eine externe Personalentwicklungsmaßnahme kostengünstiger, mit 7 und mehr Teilnehmern ist eine interne Durchführung der Personalentwicklung kostengünstiger.

7.6.2 Selbstorganisiertes Lernen

Eine weitere Alternative ist, die Durchführung der Personalentwicklung in die Verantwortung der betroffenen Mitarbeiter zu legen.

> **Selbstorganisiertes Lernen** ist die selbstständige Organisation des Lernprozesses durch den Lernenden. Die Lerninhalte sind durch Dritte (z. B. das Unternehmen) festgelegt.
> Beim sog. **selbstbestimmten Lernen** wählt der Lernende die Inhalte selbst frei aus und organisiert zudem den Wissenserwerb eigenverantwortlich.

Selbstorganisiertes Lernen liegt vor, wenn der Lernende zwar die Lerninhalte vorgegeben bekommt, die wesentlichen Elemente des Lernprozesses aber selbst bestimmt – die Lernplanung, die Lerntätigkeit und die Lernkontrolle:[159]

- **Lernplanung:** Lernplanung meint die selbstständige Feststellung eines Lernbedarfs sowie die Festlegung von Zielen, Inhalten, Lernort, Lernzeit und Ähnlichem.
- **Lerntätigkeit:** Lerntätigkeit meint die selbstständige Bestimmung des Lerninstruments im Sinne von Maßnahmen, Methoden, Aufgaben und Ähnlichem.
- **Lernkontrolle:** Lernkontrolle meint die selbstständige Kontrolle der Lernziele und Evaluation der Maßnahmen.

---

[159] Vgl. Deitering, Selbstgesteuertes Lernen, 1995, S. 18; Erhart, Selbstgesteuertes Lernen im Biologieunterricht, 2005, S. 17; Konrad/Traub, Selbstgesteuertes Lernen in Theorie und Praxis, 1999, S. 13.

Vorteile	Nachteile
• Höhere Motivation durch Selbststeuerung • Mitarbeiter können Medien sowie Ort und Zeit der Weiterbildung selbst bestimmen • Personalabteilung wird organisatorisch entlastet	• Nicht jeder Mitarbeiter ist in der Lage, das Lernen zu strukturieren und eigenverantwortlich umzusetzen • Gefahr der Verlagerung von Personalentwicklungsmaßnahmen in den privaten Bereich der Mitarbeiter

Tabelle 14: Vor-/Nachteile selbstgesteuerter Personalentwicklung

Exkurs

In zahlreichen mitbestimmten Unternehmen werden zum Schutz der Mitarbeiter Betriebsvereinbarungen geschlossen, dass Personalentwicklungsmaßnahmen während der Arbeitszeit durchgeführt werden sollen und in unvermeidbaren Ausnahmefällen ein Freizeitausgleich für die Teilnahme gewährt wird.

7.7 Controlling der Personalentwicklung

Aufgrund der hohen (Opportunitäts-) Kosten von Personalentwicklung ist die Messung der Effizienz (Kostenwirksamkeit) und der Effektivität (Zielwirksamkeit) einer Personalentwicklungsmaßnahme von besonderer Bedeutung für ein Unternehmen.[160] Dies erfolgt im Rahmen des Bildungscontrollings.

> **Betriebliches Bildungscontrolling** bezeichnet die Planung, Steuerung und Kontrolle aller Maßnahmen der Personalentwicklung nach Effizienz- und Effektivitätskriterien.[161]

Die Effizienz- und Effektivitätsmessung im Rahmen des Bildungscontrollings erfolgt anhand von Kennzahlen und Modellen.

7.7.1 Kennzahlen

Kennzahlen sind Messgrößen, die über quantitativ messbare Sachverhalte informieren.[162] Der Grundgedanke von Kennzahlen ist es,

---

[160] Vgl. Holtbrügge, Personalmanagement, 2010, S. 134.
[161] Vgl. Ehlers/Schenkel, Bildungscontrolling im E-Learning, 2005, S. 3; Thom/Blunk, Strategisches Weiterbildungs-Controlling, 1995, S. 37.
[162] Vgl. Reichmann, Controlling mit Kennzahlen und Management-Tools, 2017, S. 38–40.

durch einzelne aussagefähige Größen Auskunft über eine Vielzahl von Daten zu geben. Die Reduzierung von Daten auf einzelne Kennzahlen soll die Entscheidungsfindung und die Kontrolle ihrer Wirksamkeit erleichtern. Voraussetzung dafür ist der kontinuierliche Einsatz und die Analyse.[163] Kennzahlen können dabei in unterschiedlicher Form auftreten:[164]

- **Absolute Zahlen:** Bei den absoluten Zahlen handelt es sich um Summen (z. B. die Zahl der Mitarbeiter), Differenzen (z. B. die Fehlzeiten) und Mittelwerte (z. B. die durchschnittliche Dauer der Betriebszugehörigkeit).
- **Verhältniszahlen:** Verhältniszahlen umfassen Gliederungszahlen (z. B. der Anteil der Personalkosten an den Gesamtkosten), Beziehungszahlen (z. B. der durchschnittliche Erlös pro Mitarbeiter) und Indexzahlen (z. B. der Krankenstand mehrerer Jahre im Verhältnis zu einem Basisjahr).

7.7.2 Modelle

Beliebte Modelle im Bereich des Bildungscontrollings sind z. B. die Evaluation nach Kirkpatrick sowie der Saarbrückener Human-Capital-Ansatz.

7.7.2.1 Evaluation nach Kirkpatrick

Das **Evaluationsmodell von Kirkpatrick** stellt eines der am meistverbreiteten Evaluationsmodelle von Personalentwicklungsmaßnahmen dar. Es basiert auf der Erkenntnis, dass die oft am Ende einer Maßnahme durchgeführten Befragungen, z. B. zur Zufriedenheit mit dem Seminar und dem Dozenten, keine Aussage zur unternehmensstrategischen Wirksamkeit der Maßnahme zulassen.

■ **Evaluation** ist die analytische Überprüfung einer Zielerreichung.[165]

Das Evaluationsmodell betrachtet die Wirksamkeit einer Personalentwicklungsmaßnahme auf vier Stufen unterteilt. Der Erfolg einer Stufe ist dabei die Voraussetzung zur Erreichung der nächsthöheren Stufe.[166] Das Vier-Stufen-Modell visualisiert die folgende Abbildung:

---

[163] Vgl. Holtbrügge, Personalmanagement, 2010, S. 243.
[164] Vgl. Schulte, Personalcontrolling mit Kennzahlen, 2002, S. 3–4.
[165] Vgl. Neuberger, Personalentwicklung, 1994, S. 271.
[166] Vgl. Kirkpatrick, Techniques for evaluating training programs, 1959, S. 21–26.

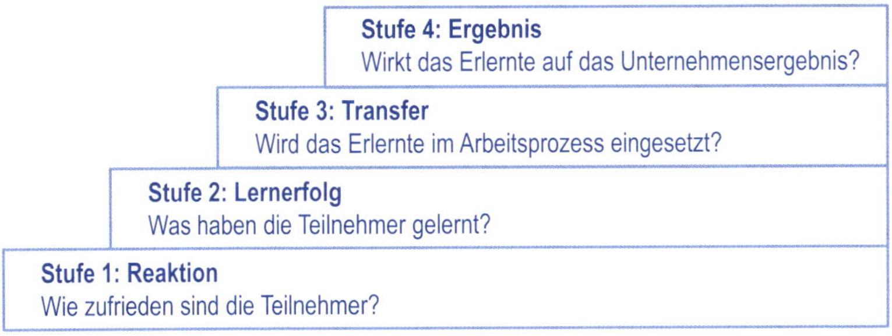

7.7 Controlling der Personalentwicklung

			Stufe 4: Ergebnis Wirkt das Erlernte auf das Unternehmensergebnis?
		Stufe 3: Transfer Wird das Erlernte im Arbeitsprozess eingesetzt?	
	Stufe 2: Lernerfolg Was haben die Teilnehmer gelernt?		
Stufe 1: Reaktion Wie zufrieden sind die Teilnehmer?			

Abbildung 21: Evaluationsmodell nach Kirkpatrick

Das Evaluationsmodell umfasst vier Stufen – Reaktion, Lernerfolg, Transfer und Ergebnis:[167]

- **Stufe 1: Reaktion**
  Die Reaktion des Mitarbeiters auf die Personalentwicklungsmaßnahme entspricht der klassischen Zufriedenheitsabfrage zum Seminarende. Sie kann positiv oder negativ sein. Eine positive Reaktion ist die Grundvoraussetzung, um eine Lernmotivation zu entwickeln. Die Erfassung der Mitarbeiterzufriedenheit kann z. b. über einen Fragebogen ermittelt werden. Dabei ist darauf zu achten, dass dieser neben geschlossenen auch offene Fragen, sowie ausreichend Platz für individuelle Kommentare enthält – insbesondere diese Rückmeldungen sind für eine Verbesserung der Trainingsmaßnahme hilfreich. Die Reaktion des Mitarbeiters auf die Maßnahme entscheidet darüber, ob diese nochmalig genutzt bzw. weiterempfohlen wird. Die Evaluation dient einerseits dazu, dem Mitarbeiter das Gefühl zu vermitteln, dass seine individuelle Meinung wertgeschätzt wird. Andererseits können aus ihr wertvolle Erkenntnisse zur Verbesserung der Personalentwicklungsmaßnahme gezogen werden.

- **Stufe 2: Lernerfolg**
  Beim Lernerfolg geht es um den konkreten Wissenszuwachs, die Fähigkeitsverbesserung und/ oder die Einstellungsänderung durch die neu erworbenen Kenntnisse. Eine Abfrage des Lernerfolgs kann z. B. über einen Test erfolgen. Abhängig davon, ob Vorwissen zu den vermittelten Kenntnissen anzunehmen ist, sollte ein Pre-Test durchgeführt werden, um den Lernerfolg eindeutig auf die Personalentwicklungsmaßnahme zurückführen zu können.

---

[167] Vgl. Kirkpatrick, Evaluation, 1996, S. 303 und S. 304–307; Kirkpatrick/Kirkpatrick, Evaluating training programs, 2006, S. 27, S. 34–35, S. 38–40 und S. 54; Kirkpatrick/Kirkpatrick, Transferring Learning to Behavior, 2005, S. 5.

Ebenso sollte bei der Erhebung der Daten eine Kontrollgruppe eingesetzt werden, um die Validität der Daten zu erhöhen.
- **Stufe 3: Transfer**
In der dritten Stufe wird die Verhaltensänderung des Mitarbeiters durch die neu erworbenen Kenntnisse näher untersucht. Diese findet statt, wenn durch die längerfristige Anwendung ein Transfer des Erlernten in den Arbeitsalltag stattgefunden hat. Die Evaluation der dritten Stufe sollte daher in einem Zeitraum von zwei bis sechs Monaten nach Ende der Trainingsmaßnahme vorgenommen werden.
- **Stufe 4: Ergebnis**
Auf der letzten Stufe werden die finalen Ergebnisse, welche die Personalentwicklungsmaßnahme dem Mitarbeiter und damit dem Unternehmen gebracht haben, aufgezeigt. Abhängig von den jeweiligen Trainingsinhalten kann es sich bei den Ergebnissen um eine Erhöhung der Produktivität, des Umsatzes oder ähnlicher unternehmerischer Kennzahlen handeln.

Das Modell von Kirkpatrick stellt einen guten Ausgangspunkt dar, um die Wirksamkeit der Personalentwicklung zu betrachten. In der Literatur wurde das Modell bereits erweitert. So gibt es inzwischen eine fünfte Stufe, die den **Return of Investment (ROI)** der Maßnahme hinterfragt.[168]

7.7.2.2 Saarbrückener Human-Capital-Ansatz

Aus dem **Rechnungswesen** übernommene Grundprinzipien prägen den **Saarbrückener Human-Capital-Ansatz** von *Scholz*: Er will die Ausgaben für Personalentwicklung als Steigerung des Humankapitals der Mitarbeiter darstellen.

> **Exkurs**
>
> Investiert ein Unternehmen in Maschinen, kann es diese unmittelbar in der Bilanz als Vermögensposition ausweisen. Investiert das Unternehmen über Personalentwicklungsausgaben in die Fähigkeiten seiner Mitarbeiter, wird dies bislang nur als Kostenposition in der Gewinn- und Verlustrechnung wirksam. Dies vernachlässigt, dass Personalentwicklung die zukünftigen Fähigkeiten der Mitarbeiter zur Gewinnerzielung positiv beeinflusst.

Das **Humankapital** ist der ökonomische Wert der Mitarbeiter eines Unternehmens. Immaterielle Vermögenswerte wie Wissen oder Fähigkeiten der Mitarbeiter werden in ökonomischen Zahlen ausgedrückt.[169]

---

[168] Vgl. Phillips, Return on investment, 2003, S. XIV.
[169] Vgl. Leitl, Humankapital?, 2007, S. 47.

7.7 Controlling der Personalentwicklung

Ein Verfahren zur Messung des Humankapitals stellt der **Saarbrückener Human-Capital-Ansatz** dar. Mithilfe der folgenden **Saarbrückener Formel** lässt sich der Wert des Personals in einem Euro-Betrag ausdrücken:[170]

$$HC = \sum_{i=1}^{g} \left((FTE_i * l_i * \frac{w_i}{b_i} + PE_i) * M_i \right)$$

Die Saarbückener Formel setzt sich aus mehreren Variablen zusammen – der Mitarbeiteranzahl (FTE), dem Durchschnittsgehalt (I), der Halbwertszeit von Wissen (w), der Betriebszugehörigkeit (b), der Personalentwicklungsmaßnahme (PE) und der Motivation (M):[171]

- **Mitarbeiteranzahl (FTEi):** FTEi bezeichnet die Mitarbeiteranzahl (FTE, Abk. für Full-Time-Equivalent) einer Beschäftigtengruppe (i), die in Vollzeitkräfte aufsummiert ist. Das bedeutet z. B. bei vier Mitarbeitern in Teilzeit ergibt sich ein FTE = 2.
- **Durchschnittsgehalt (Ii):** Ii ist das Durchschnittsgehalt (I) einer Beschäftigtengruppe (i). Dabei handelt es sich um das *durchschnittliche Marktgehalt*, nicht um das tatsächlich erhaltene Gehalt.
- **Halbwertszeit von Wissen (wi):** wi ist die Halbwertszeit von Wissen (w) einer Beschäftigtengruppe (i). Das Wissen eines Mitarbeiters ist zeitlich begrenzt, sodass der Wert des Mitarbeiters im Zeitverlauf sinkt. Sie drückt die Wertminderung aus.
- **Betriebszugehörigkeit (bi):** bi ist die Betriebszugehörigkeit (b) einer Beschäftigtengruppe (i).
- **Personalentwicklungsmaßnahmen (PEi):** PEi sind die Personalentwicklungsmaßnahmen (PE) einer Beschäftigtengruppe (i). Sie drücken den Wertzuwachs aus.
- **Motivation (Mi):** Mi ist die Motivation (M) einer Beschäftigtengruppe (i). Sie drückt die Wertänderung der Leistungsbereitschaft, des Arbeitsumfeldes und der Mitarbeiterbindung aus.

---

[170] Vgl. Bächle, Humankapital: Wie wird gemessen und interpretiert, 2010, S. 32.
[171] Vgl. Bächle, Humankapital: Wie wird gemessen und interpretiert, 2010, S. 31.

Rechenbeispiel: Saarbrücker Formel

Input:		Output:	
FTE	100 Mitarbeiter		
I	25.000 EUR	Wertbasis	2.500.000 EUR
w	10 Jahre		
b	15 Jahre	Wertminderung	− 833.333 EUR
PE	700.000 EUR	Wertzuwachs	+ 700.000 EUR
		Zwischensumme	2.366.667 EUR
MI	1,10	Wertänderung	+ 236.667 EUR
		HC =	2.603.334 EUR

7.8 Kontrollfragen

Nachdem Sie das Kapitel bearbeitet haben, sollten Sie folgende Aufgaben beantworten können:

K 7-01 Wie unterscheiden sich die Begriffe „Qualifikation" und „Kompetenz"?

K 7-02 Nennen und beschreiben Sie kompetenzorientierte Maßnahmen der Personalentwicklung!

K 7-03 Die Personalentwicklungsabteilung eines Unternehmens muss eine Entscheidung treffen: Sollen externe Seminare zu einem Preis von 660,- € je Teilnehmer gebucht werden oder sollte das Seminar intern angeboten werden, wenn die Fixkosten in diesem Fall bei 2800,- € liegen und die variablen Kosten je Teilnehmer bei 120,- €?

a) Lösen Sie das Entscheidungsproblem grafisch mit einer Skizze. Kennzeichnen Sie den Punkt, ab dem eine der Alternativen der anderen überlegen ist. Achten Sie auf eine Beschriftung aller Teile Ihrer Grafik.

b) Lösen Sie das Entscheidungsproblem zunächst allgemein als Formel und dann rechnerisch unter Verwendung der Zahlen aus der Angabe mit dem Ansatz einer Break-Even-Analyse.

8 Motivation und Führung des Personals

Unternehmen sind daran interessiert, dass ihre Mitarbeiter bestmöglich zur Erreichung der ökonomischen Unternehmensziele beitragen. Angemessene Arbeitsbedingungen bilden die Voraussetzungen hierfür. Doch erst die Motivation der Mitarbeiter und ihr damit verbundenes Handeln entscheiden über die Erreichung dieser Ziele. Die Motivation ist somit eine Schlüsselvariable.

Die Motivationsforschung besteht aus einer Vielzahl unterschiedlicher Theorien. Heutzutage weit verbreitet ist jedoch die grundsätzliche Annahme, dass der Mensch die Arbeit als wesentlichen Bestandteil seines Lebens sieht. Arbeit wird insbesondere dann als positiv wahrgenommen, wenn die verrichtete Tätigkeit einen sinnvollen Beitrag zur Lebensgestaltung leistet. Frühere Ansätze, die Mitarbeiter lediglich durch monetäre Anreize zu steuern, verlieren somit ihre Wirkung. Vielmehr sind es die nicht-monetären Reize im Sinne einer sich selbst verwirklichenden Tätigkeit und der damit verbundenen Möglichkeit zur persönlichen Entwicklung, die den Menschen antreiben. Der grundlegende Ansatz von Führung besteht somit nicht mehr darin, eine Leistungsbereitschaft bei den Mitarbeitern zu wecken, sondern die Leistungsfähigkeit zu fördern und zu dessen Entwicklung beizutragen.

Das Kapitel behandelt die Grundlagen der Motivation und stellt wesentliche Modelle vor, die den Zusammenhang von Führung und Motivation bzw. Arbeitsergebnis aus Sicht der Personallehre behandeln.

Lernziele

Nach dem Studium des Kapitels „Motivation und Führung des Personals" sind Sie in der Lage,

- die Begriffe Motiv, Motivation, Handlung und Menschenbilder zu definieren sowie deren Zusammenhänge zu erläutern,
- die Menschenbilder und die dazu existierenden Theorien darzustellen und zu beschreiben,
- die Motivations- und Führungstheorien zu benennen, zu differenzieren und zu erklären.

8.1 Grundlagen von Motivation und Führung

Motivation und Führung sind eng miteinander verwandte Themen. Führung bedeutet, das Mitarbeiterverhalten auf die ökonomischen Unternehmensziele auszurichten.[172] Motivation will die Potenziale zur Zielerreichung freisetzen.

Die Basis einer jeden Führungsentscheidung ist die Annahme eines Menschenbildes mit seinen Motiven, die den Menschen zu einer bestimmten Handlung veranlassen. Das sind bei unterschiedlichen Menschen auch unterschiedliche Motive, wie z. B. Macht, Prestige oder sozialer Kontakt. Nur wenn diese Motive hinlänglich bekannt sind, kann die Führungskraft die Motivation des Mitarbeiters durch den konkreten Einsatz geeigneter Anreize wecken. Anderenfalls besteht die Gefahr, mit wirkungslosen Anreizen an den Motiven des Mitarbeiters vorbei zu arbeiten. Führung bedeutet demnach, sich mit den Menschen, die zu führen sind, auseinanderzusetzen. Welche spezifischen Charaktereigenschaften und Wesenszüge machen den Menschen aus? In welches theoretische Menschenbild passt er? Wie lässt sich dieses Menschenbild motivieren? Um all diese Fragen zu beantworten, müssen in erster Linie die spezifischen Motive bekannt sein. Denn nur wenn die persönlichen Individualziele eines Mitarbeiters miteinbezogen werden, kann das daraus folgende Handeln auch Einfluss auf die Erreichung der unternehmerischen Ziele nehmen. Wie erfolgreich Führung im Sinne von Effektivität und Effizienz ist, drückt sich aus Unternehmenssicht in der Erreichung strategischer Unternehmenskennzahlen aus, wie z. B. Qualität, Kosten, Zeit, Umsatz, Cashflow oder Rentabilität.

8.1.1 Menschenbilder

Menschenbilder sind der Ausgangspunkt jeder Motivationsmaßnahme und jedes Führungshandelns. Sie stellen eine **stereotypische**

---

[172] Vgl. Bühner, Personalmanagement, 2005, S. 256.

Klassifizierung der Menschen nach unterschiedlichen fundamentalen Merkmalen dar. Diese Merkmale betreffen **Annahmen** über die **jeweiligen Zielsetzungen** und **Verhaltensweisen** einer Gruppe. Menschenbilder weisen somit Gemeinsamkeiten der in ihnen zusammengefassten Individuen auf und zeigen Unterschiede zwischen den Gruppen auf.

> Die **Menschenbilder** sind Annahmen über die Werte von Menschen und wie sie auf gewisse Reize reagieren. Auf Basis ihres Menschenbildes treffen Führungskräfte Annahmen über das Verhalten ihrer Mitarbeiter und versuchen, diese zu beeinflussen.

McGregor stellte 1960 zwei Theorien in Bezug auf Menschenbilder auf – die **Theorie X** und die **Theorie Y**:

Theorie X	Der Mensch besitzt eine grundlegende Ablehnung gegenüber Arbeit und meidet diese so weit wie möglich: • Die persönlichen Ziele des Menschen stehen im Gegensatz zu den ökonomischen Unternehmenszielen. • Der Mensch besitzt keinen Ehrgeiz und sucht Befriedigung im Privaten. • Der Mensch lehnt jede Form von Verantwortung ab. • Der Mensch muss durch externe Reize dazu bewegt werden, im unternehmerischen Sinne zu handeln. • Der Mensch muss konsequent geführt und dauerhaft kontrolliert werden.
Theorie Y	Der Mensch besitzt eine allgemeine Leistungsbereitschaft und ist intrinsisch motiviert. Arbeit hat einen hohen Stellenwert für seine persönliche Zufriedenheit: • Es besteht keine generelle Unvereinbarkeit zwischen den Unternehmenszielen und den persönlichen Zielen des Mitarbeiters. Die Erreichung der unternehmerischen Ziele ist abhängig von der damit verbundenen Erreichung der persönlichen Individualziele. • Der Mensch besitzt Eigeninitiative und ist willig, im Unternehmen mitzuwirken. • Der Mensch strebt nach Übernahme von Verantwortung, soweit er sich zutraut, dieser gerecht zu werden. • Der Mensch ist intrinsisch motiviert. • Der Mensch akzeptiert die Unternehmensziele und fühlt sich diesen verpflichtet, sodass keine Notwendigkeit für Kontrollen besteht.

Tabelle 15: Menschenbilder nach McGregor (Theorie X und Y)[173]

---

[173] Vgl. McGregor, Der Mensch im Unternehmen, 1970, S. 27–29, sowie S. 35–37.

Die **Theorie X** wird auch als eine **selbsterfüllende Prophezeiung** gesehen, denn Führungskräfte, die ihre Mitarbeiter in Analogie zu diesem Menschenbild sehen, werden Mitarbeiter so stark kontrollieren, dass diese ihre Eigeninitiative einstellen und nur noch „Dienst nach Vorschrift" machen.

In Anlehnung an die Theorie der Menschenbilder von McGregor ergänzt Ouchi diese 1981 um eine weitere Theorie – die Theorie Z:

Theorie Z	Der Mensch wird an unternehmerischen Vorgängen beteiligt, was zu einer höheren Motivation und einer höheren Produktivität führt: • Entscheidungen werden kollektiv getroffen, sodass die Interessen des Menschen miteinfließen können. • Der Mensch übernimmt Verantwortung. • Der Mensch wird gefördert und befördert. • Soziale Beziehungen zwischen den Menschen sind im Unternehmen gestattet und ausdrücklich erwünscht. • Minimale Fluktuation im Unternehmen.

Tabelle 16: Ergänzung der Menschenbilder nach Ouchi (Theorie Z)[174]

Die Theorien nach McGregor und Ouchi finden sich auch in den Menschenbildern von Schein wieder, der diese in vier Menschentypen klassifiziert: der rational-ökonomische Mensch, der soziale Mensch, der sich selbst verwirklichende Mensch und der komplexe Mensch:[175]

- **Rational-ökonomischer Mensch:** Der rational-ökonomische Mensch, auch *Homo oeconomicus* genannt, handelt streng nach ökonomischen Gesichtspunkten, um einen größtmöglichen Nutzen zu erzielen. Er zieht seine Motivation ausschließlich aus monetären Anreizen und wird daher auf Basis rationaler Kriterien gesteuert.
- **Sozialer Mensch:** Der soziale Mensch wird durch sein soziales Umfeld gesteuert und zieht seine Motivation aus sozialen Beziehungen. Die Einbindung in eine Gruppe und das damit verbundene Gemeinschaftsgefühl erzielt einen größeren Einfluss auf ihn als die Führungskraft. Er akzeptiert Führung nur, sofern seine sozialen Bedürfnisse berücksichtigt werden.
- **Sich selbst verwirklichender Mensch:** Der sich selbst verwirklichende Mensch steuert sich selbst und ist intrinsisch motiviert. Die Selbstverwirklichung wird als höchstes Bedürfnisstreben angesehen. Die Arbeit wird positiv gesehen, sofern sie zur persönlichen Selbstverwirklichung beiträgt.

---

[174] Vgl. Ouchi, Theory Z, 1981, S. 57–59.
[175] Vgl. Schein, Organizational Psychology, 1965, S. 56–71.

- **Komplexer Mensch:** Der komplexe Mensch ist lern- und wandlungsfähig. Die persönlichen Motive können daher je nach Situation variieren.

Ein Vergleich der unterschiedlichen Ansätze einer Typologie von Menschenbildern nach McGregor (Theorie X und Y) und Ouchi (Theorie Z) mit der von Schein zeigt, dass eine Einordnung möglich ist. So finden sich der rational-ökonomische Mensch in der Theorie X und der soziale, der sich selbst verwirklichende und der komplexe Mensch in den Theorien Y und Z wieder.

Die Entwicklung der Menschenbilder im Zeitverlauf zeigt sich auch in der Entwicklung von Führung. Beispielhaft sind hier der tayloristische Ansatz des Scientific Managements, und der Human-Relations-Ansatz als Gegenpol zu nennen. Die Theorie X nach McGregor entspricht im Wesentlichen den Annahmen des Taylorismus. Wohingegen die Theorien Y und Z mit denen des Human-Relations-Ansatzes übereinstimmen.

> **Scientific Management nach Taylor**
>
> Die Sichtweise des **Scientific Management** ist gekennzeichnet durch die Standardisierung und Spezialisierung von Arbeitsabläufen, um den Produktionsfaktor Mensch möglichst optimal in die Produktionsprozesse zu integrieren. Die Spezialisierung von Arbeitsvorgängen führt zu einer Reduzierung von Anlernzeiten, jedoch auch zu einer Entwertung der individuellen Qualifikationen und einer hohen Belastung durch die Monotonie der verrichteten Tätigkeit. Eine Einbeziehung sozialer Komponenten findet nicht statt.[176]

> **Human-Relations-Ansatz nach Mayo und Roethlisberger/Dickson**
>
> Der **Human-Relations-Ansatz** basiert auf der Gestaltung der Arbeitsbedingungen und Führungsprinzipien unter Zugrundelegung der sozialen Bedürfnisse des Menschen. Der Mensch wird als Teil eines sozialen Systems gesehen und nicht mehr auf einen reinen Produktionsfaktor reduziert. Der Human-Relations-Ansatz basiert auf der Annahme, dass wirtschaftlicher Erfolg ohne Einbeziehung dieser sozialen Komponente nicht zu erreichen ist.[177]

---

[176] Vgl. Bühner, Personalmanagement, 2005, S. 257–258.
[177] Vgl. Bühner, Personalmanagement, 2005, S. 258.

8.1.2 Motiv

Der Begriff „**Motiv**" leitet sich von dem lateinischen Begriff „*motivum*" ab und bedeutet Beweggrund oder Anlass. Das Motiv ist der Auslöser, durch den sich der Mensch bewogen fühlt, etwas zu tun. Für die in einem Menschenbild zusammengefassten Individuen wird vermutet, dass sie ähnliche Motive haben.

Ein Motiv wird durch ein unbefriedigtes Bedürfnis aktiviert. Motiv und Bedürfnis werden häufig synonym verwendet, doch erst der Mangel (unbefriedigtes Bedürfnis) führt zur Entwicklung eines Motivs.

> Das **Motiv** ist der Beweggrund für die Verhaltensbereitschaft eines Menschen. Es entsteht durch das Gefühl eines Mangels und den Wunsch, diesen zu beseitigen.

Motive lassen sich in zwei Arten unterscheiden:

- **Primäres Motiv:** Das primäre Motiv ist biologisch. Es ist ein angeborenes Bedürfnis, z. B. Hunger oder Durst.
- **Sekundäres Motiv:** Das sekundäre Motiv ist sozial erworben. Es hat sich im Laufe des Lebens durch gewisse Umwelteinflüsse, wie die Erziehung oder Erfahrungen, entwickelt. Dazu gehören das Bedürfnis nach Leistung, Macht oder Anschluss (sog. „Grundmotive nach *McCelland*").[178]

8.1.3 Motivation und Handlung

Motivation stammt vom lateinischen Begriff „*movere*" und bedeutet Bewegung. Motivation ist die Aktivierung eines Prozesses, welcher durch das Motiv ausgelöst wurde. Sie ist der Antrieb für die daraus folgende **Handlung**.

> Die **Motivation ist** die Gesamtheit aller Beweggründe, die den Menschen zu einer konkreten Handlungsbereitschaft bewegen.

Motivation lässt sich in zwei Arten differenzieren:

- **Extrinsische Motivation:** Die extrinsische Motivation entsteht aufgrund äußerer Reize, z. B. Belohnung oder Bestrafung.
- **Intrinsische Motivation:** Die intrinsische Motivation eines Menschen entsteht aus sich selbst heraus, z. B. das Streben nach Verantwortung oder Entscheidungsfreiheit. In diesem Fall sind keine äußeren Reize erforderlich.

Extrinsische und Intrinsische Motivation können sich in der Praxis häufig überschneiden. In diesem Fall ist darauf zu achten, dass der sog. **Motivation-Crowding-Out-Effekt** nicht eintritt.

---

[178] Vgl. McCelland, How Motives, Skills, and Values Determine What People Do, 1985, S. 815.

> **Exkurs: Motivation-Crowding-Out-Effekt**
>
> Vom Effekt des „**Motivation Crowding Out**" spricht man, wenn eine bestehende intrinsische Motivation durch zu dominante extrinsische Motivationskomponenten verdrängt wird.

Handlung ist die Umsetzung der Motivation in einen bewusst ausgeführten, zielgerichteten Vorgang. Sie dient der Erreichung des angestrebten Zielzustandes und damit der Befriedigung eines Bedürfnisses.

- Die **Handlung** ist eine von Motiven geleitete, zielgerichtete Tätigkeit.

8.2 Motivationstheorien

Die Motivationstheorien sind theoretische Ansätze, die sich mit der Entstehung und Wirkung von Motivation beschäftigen. Sie lassen sich in **Inhaltstheorien** und **Prozesstheorien** differenzieren.

8.2.1 Inhaltstheorien der Motivation

Die Inhaltstheorien der Motivation befassen sich mit der Frage, *was* einen Menschen motiviert. Es geht somit um die Benennung konkreter Motive. An dieser Stelle ist darauf hinzuweisen, dass jeder Mensch nach der Befriedigung unterschiedlicher Bedürfnisse strebt und somit auch auf unterschiedliche Reize reagiert.

8.2.1.1 Bedürfnispyramide von Maslow

Eine der bekanntesten und weit verbreiteten Motivationstheorien ist die 1954 veröffentlichte **Bedürfnispyramide** von **Abraham H. Maslow**. Er entwickelte eine Hierarchie von fünf aufeinander aufbauenden Bedürfniskategorien. Kernaussage der Theorie ist, dass ein aufsteigendes Streben der Befriedigung von Bedürfnissen stattfindet, d. h., ein höherstehendes Bedürfnis wird erst dann angestrebt, wenn das darunter liegende Bedürfnis befriedigt ist.[179]

Die Basis der Bedürfnishierarchie bilden die **physiologischen Bedürfnisse**, auch Existenzbedürfnisse genannt. Dazu gehören z. B. Hunger, Durst oder Schlaf. Die nächsthöhere Bedürfniskategorie bilden die **Sicherheitsbedürfnisse** wie Schutz, Angstfreiheit oder Stabilität, also alles, was einen Rückfall auf die vorherige Stufe zu verhindern hilft. Auf der dritten Stufe übergeordnet sind die **sozialen Bedürfnisse**, z. B. der Wunsch nach sozialen Kontakten, Liebe

---

[179] Vgl. Maslow, Motivation and Personality, 1970, S. 97–104.

oder Zugehörigkeit zu einer Gruppe. In den geschilderten ersten drei Stufen der Maslow-Pyramide geht es darum, einen Mangel zu beseitigen. Man bezeichnet diese Stufen daher auch zusammengefasst als **Defizitbedürfnisse**.

Die vierte Bedürfniskategorie bilden die **Individualbedürfnisse**, wie Selbstachtung, Status oder Anerkennung durch Dritte. Die Spitze der Hierarchie bildet das **Bedürfnis nach Selbstverwirklichung** als Streben nach bestmöglicher Entfaltung seiner Persönlichkeit. Dieses Streben erfolgt erst, wenn alle darunter liegende Bedürfnisklassen befriedigt sind.[180] Diese oberste Stufe ist grundsätzlich nicht abschließend zu befriedigen, d. h., auch wer alles hat, wird immer weiter versuchen, sich selbst zu verwirklichen. Da es bei der vierten und fünften Stufe des Maslow-Pyramide um Entwicklung der Person geht, bezeichnet man diese zusammengefasst auch als **Wachstumsbedürfnisse**.

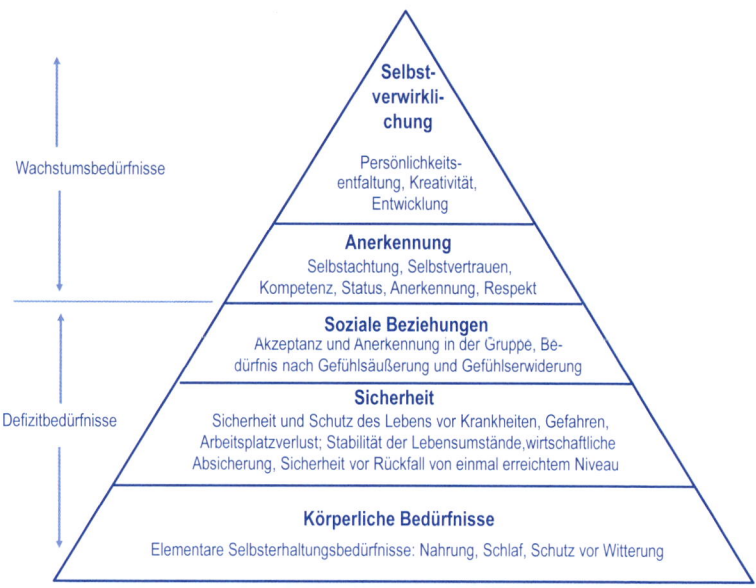

Abbildung 22: Maslow'sche Bedürfnispyramide

Aus der Motivationstheorie von Maslow geht die für das Personalmanagement entscheidende Erkenntnis hervor, dass das Bedürfnis nach Selbstverwirklichung nicht vollumfänglich befriedigt werden kann. Personalführung sollte daher individuelle Entwicklungsmöglichkei-

---

[180] Vgl. Maslow, Motivation and Personality, 1970, S. 97–104.

ten bieten, um so zu einer wachsenden Befriedigung des Selbstverwirklichungsbedürfnisses des Einzelnen beizutragen.[181]

Insbesondere die starre Abgrenzung der Stufen wird häufig am Modell der Maslow-Pyramide kritisiert: Auch wenn man hungrig ist (1. Stufe) sucht man z. B. Anschluss an soziale Gruppen (3. Stufe).

8.2.1.2 Zwei-Faktoren-Theorie von Herzberg

Eine weitere Inhaltstheorie der Motivation ist die **Zwei-Faktoren-Theorie** von *Herzberg*. Herzberg unterscheidet zwei Arten von Einflussgrößen. Einerseits Faktoren, die auf die Rahmenbedingungen der Arbeit bezogen sind (sog. **Hygienefaktoren**), z. B. die Arbeitsbedingungen oder das Gehalt. Zum anderen Faktoren, die auf den Inhalt der Arbeit bezogen sind (sog. **Motivatoren**), z. B. Anerkennung, Verantwortung oder Aufstieg. Die Hygienefaktoren und die Motivatoren können jeweils mit Zufriedenheit oder Unzufriedenheit verbunden sein. Der Theorie zufolge müssen beide Faktoren (Hygienefaktoren und Motivatoren) gegeben sein, um Zufriedenheit auszulösen. Ein Mitarbeiter ist somit nicht zwangsläufig zufrieden, nur weil es keine Gründe für Unzufriedenheit gibt.[182]

Die **Hygienefaktoren** sind die Faktoren, die bei positiver Ausprägung die Entstehung von Unzufriedenheit verhindern, aber keine Zufriedenheit erzeugen. Häufig werden die Hygienefaktoren als selbstverständlich betrachtet. Erst das Nicht-Vorhandensein von Hygienefaktoren wird als Mangel empfunden.

> Beispielsweise macht ein niedriges Gehalt einen Mitarbeiter unzufrieden. Ein hohes Gehalt dagegen verhindert die Entstehung von Unzufriedenheit. Die Zufriedenheit eines Mitarbeiters kann allerdings nicht unbegrenzt über den Faktor des Gehalts gesteigert werden.

Die **Motivatoren** wirken auf die Zufriedenheit. Sind Motivatoren im Sinne Herzbergs vorhanden, steigt die Zufriedenheit des Mitarbeiters. Ihr Fehlen führt allerdings nicht zwangsläufig zu Unzufriedenheit.

Das **Zusammenspiel von Hygienefaktoren und Motivatoren** hat folgende Wirkungen auf die Arbeitszufriedenheit bzw. Unzufriedenheit der Mitarbeiter:[183]

---

[181] Vgl. Bühner, Personalmanagement, 2005, S. 265–266.
[182] Vgl. Herzberg, One more time: How do you motivate employees?, 1968, S. 56–57.
[183] Vgl. Becker, Mitarbeiter wirksam motivieren, 2019, S. 60–61.

- **Hohe Hygienefaktoren und hohe Motivatoren:** Die äußeren Rahmenbedingungen sind gegeben und der Mitarbeiter ist motiviert (Idealsituation). Die hohen Hygienefaktoren erzeugen keine Unzufriedenheit. Die hohen Motivatoren erzeugen Zufriedenheit. In diesem Fall kommt eine nachhaltige Motivation zustande.
- **Hohe Hygienefaktoren und geringe Motivatoren:** Die äußeren Rahmenbedingungen sind gegeben, der Mitarbeiter ist allerdings nicht motiviert. Die hohen Hygienefaktoren erzeugen keine Unzufriedenheit. Die geringen Motivatoren erzeugen keine Zufriedenheit.
- **Geringe Hygienefaktoren und hohe Motivatoren:** Die äußeren Rahmenbedingungen sind nicht gegeben, aber der Mitarbeiter ist motiviert. Die geringen Hygienefaktoren erzeugen Unzufriedenheit. Die hohen Motivatoren erzeugen Zufriedenheit.
- **Geringe Hygienefaktoren und geringe Motivatoren:** Die äußeren Rahmenbedingungen sind nicht gegeben und der Mitarbeiter ist nicht motiviert. Die geringen Hygienefaktoren erzeugen Unzufriedenheit. Die geringen Motivatoren erzeugen keine Zufriedenheit. In diesem Fall ist eine hohe Fluktuation wahrscheinlich.

Die Wirkung der Einflussgrößen lässt darauf schließen, dass das Vorhandensein von Hygienefaktoren einen Anreiz zum Verbleib im Unternehmen darstellt. Erst das Vorhandensein von Motivatoren jedoch einen Anreiz für Leistung bzw. für Leistungssteigerung darstellt.[184]

8.2.1.3 ERG-Theorie von Alderfer

Die **ERG-Theorie** von *Alderfer* aus dem Jahre 1966 ist eine Weiterentwicklung der Bedürfnispyramide nach *Maslow*. „ERG" ist die Abkürzung für die englischen Begriffe *Existence, Relatedness* und *Growth*. In seiner Theorie kürzt *Alderfer* die ursprünglich vorhandenen fünf Kategorien von Maslow auf die folgenden drei Bedürfniskategorien:[185]

- **Existenzbedürfnisse (Existence):** Die Existenzbedürfnisse umfassen die physiologischen und materiellen Bedürfnisse und decken somit die beiden untersten Bedürfniskategorien in der Hierarchie von Maslow ab: die physiologischen Bedürfnisse und die Sicherheitsbedürfnisse.
- **Beziehungsbedürfnisse (Relatedness):** Die Beziehungsbedürfnisse umfassen die Bedürfnisse nach sozialem Anschluss und persönlicher Anerkennung. Sie stimmen mit der dritten und vierten Bedürfniskategorie von Maslow überein: die sozialen Bedürfnisse und die Individualbedürfnisse.

---

[184] Vgl. Drumm, Personalwirtschaft, 2008, S. 395.
[185] Vgl. Alderfer, Existence, Relatedness and Growth, 1972, S. 6–12.

- **Wachstumsbedürfnisse (Growth):** Die Wachstumsbedürfnisse stellen das Bedürfnis nach individueller Selbstverwirklichung dar und stimmen mit der Spitze der Hierarchie nach Maslow überein.

Durch die Reduzierung der Anzahl von Bedürfniskategorien werden mehrere Bedürfnisse in einer Kategorie zusammengefasst. Dadurch wird deutlich, dass mehrere Bedürfnisse (einer Kategorie) zur gleichen Zeit auftreten können. Der Ansatz von *Alderfer* sieht, anders als der von *Maslow*, somit keine strikte hierarchische Trennung von Bedürfnissen, sondern vielmehr dessen simultanes Wirken nebeneinander.[186]

In der ERG-Theorie unterliegen diese Bedürfnisklassen den folgenden **Dominanzprinzipien**:[187]

- **Frustrations-Hypothese:** Ein unbefriedigtes Bedürfnis wird dominant.
- **Befriedigungs-Progressions-Hypothese:** Wenn ein Bedürfnis befriedigt ist, wird das Bedürfnis der nächsthöheren Bedürfnisklasse dominant.
- **Frustrations-Regressions-Hypothese:** Wenn ein Bedürfnis nicht befriedigt werden kann, wird das Bedürfnis der hierarchisch niedrigeren Bedürfnisklasse dominant.
- **Frustrations-Progressions-Hypothese:** Wenn ein Bedürfnis auf Dauer nicht befriedigt werden kann, können dennoch Bedürfnisse hierarchisch höherstehender Bedürfnisklassen dominant werden. In dem Zusammenhang kann das Erlebte zu einem höheren Anspruchsdenken führen.

8.2.2 Prozesstheorien der Motivation

Die Prozesstheorien der Motivation beschäftigen sich mit der Frage, *wie* Motivation entsteht und so ggf. auch damit, wie das Handeln eines Menschen zielgerichtet gesteuert werden kann. Konkret geht es um den Prozess der Motivierung.

8.2.2.1 VIE-Theorie von Vroom

Die **VIE-Theorie** von **Vroom** basiert auf der Annahme, dass sich ein Mensch bei verschiedenen Handlungsmöglichkeiten mit ungewissem Ausgang für diejenige mit der größten Nutzenerwartung entscheidet.[188]

---

[186] Vgl. Drumm, Personalwirtschaft, 2008, S. 393.
[187] Vgl. Alderfer, An Empirical Test of a New Theory of Human Needs, 1969, S. 151–154.
[188] Vgl. Vroom, Work and motivation, 1964, S. 15–17.

Nach Vroom wird eine Handlung durch drei zentrale Faktoren ausgelöst und gesteuert: die Valenz, die Instrumentalität und die Erwartung:[189]

- **Valenz:** Die Valenz stellt den subjektiven Wert eines Ergebnisses dar. Die Valenz kann positiv, negativ und null sein. Bei einer positiven Valenz ist das Ergebnis attraktiv, da es für die persönlichen Ziele förderlich ist. Bei einer negativen Valenz wird es vermieden. Eine Valenz von 0 bedeutet Gleichgültigkeit. Die Valenz bezieht sich auf den *erwarteten* Belohnungswert des Ergebnisses, nicht auf den tatsächlichen.
- **Instrumentalität:** Die Instrumentalität ist die Einschätzung über die Bedeutung einer Handlung in Bezug auf das Ergebnis. Die Instrumentalität kann einen Wert zwischen -1 (die Handlung verhindert das Erreichen des Ergebnisses) und +1 (die Handlung garantiert das Erreichen des Ergebnisses) annehmen.
- **Erwartung:** Die Erwartung ist die Wahrscheinlichkeit, dass eine bestimmte Handlung zu einem bestimmten Ergebnis führen wird. Die Erwartung stellt einen Wert zwischen 0 und 1 dar. Die Erwartung ist 0, wenn keine Wahrscheinlichkeit besteht, dass eine bestimmte Handlung zu einem bestimmten Ergebnis führt. Die Erwartung ist 1, wenn ein Zusammenhang zwischen Handlung und Ergebnis sicher ist.

Nach Vroom wählt der Mensch die Handlungsvariante, die seiner persönlichen Vorstellung von Wert, Verwendung und Wahrscheinlichkeit des zu erwartenden Ergebnisses am meisten entspricht. Mathematisch lässt sich dies durch die folgende Gleichung ausdrücken:

Verhaltenstendenz = $\sum$(Erwartung * Valenz * Instrumentalität)

Die Motivation ergibt sich somit aus dem Produkt von Erwartung, Valenz und Instrumentalität. Das Fehlen lediglich einer Komponente führt dazu, dass keine Handlung erfolgt.[190]

8.2.2.2 Motivationstheorie von Lawler/Porter

Lawler/Porter veröffentlichten 1968 eine auf der VIE-Theorie von *Vroom* aufbauende **Motivationstheorie**, die formale Erklärungsansätze für die Wechselwirkung von Arbeitsleistung und Arbeitszufriedenheit bietet. Die wesentlichen Einflussgrößen des Modells sind **Anstrengung, Leistung, Belohnung und Zufriedenheit**. Das Zusammenspiel dieser Größen visualisiert die folgende Abbildung:

---

[189] Vgl. Vroom, Work and motivation, 1964, S. 15–17.
[190] Vgl. Vroom, Work and motivation, 1964, S. 15–17.

8.2 Motivationstheorien

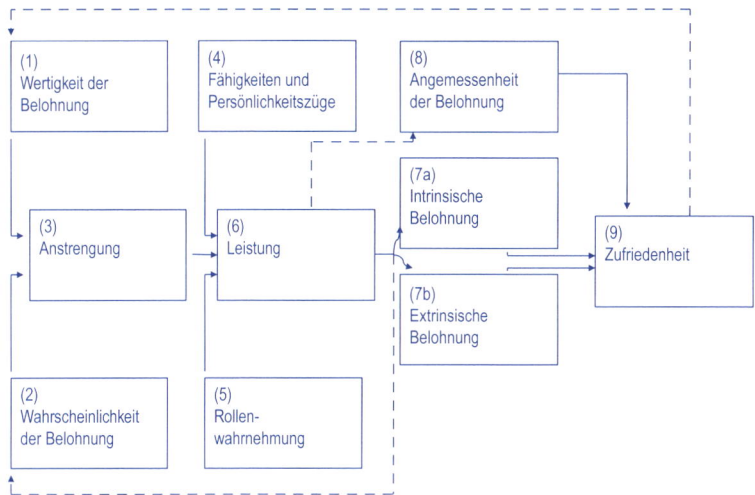

Abbildung 23: Motivationstheorie nach Lawler/Porter[191]

Das Modell umfasst neun Variablen:[192]

(1) **Wertigkeit der Belohnung:** Subjektiver Wert, den die Belohnung für den Mitarbeiter hat.
(2) **Wahrscheinlichkeit der Belohnung:** Wahrscheinlichkeit, dass die aufgebrachte Anstrengung zu einer Belohnung führt.
(3) **Anstrengung:** Die Anstrengung ist die vom Mitarbeiter aufgebrachte Energie zur Erfüllung der Aufgabe.
(4) **Fähigkeiten und Persönlichkeitszüge:** Die Erreichung der Belohnung ist abhängig von den individuellen Fähigkeiten des Mitarbeiters.
(5) **Rollenwahrnehmung:** Wahrnehmung der eigenen Rolle des Mitarbeiters, um die Belohnung zu erreichen.
(6) **Leistung:** Die Leistung ist das messbare Ergebnis der Mitarbeiterhandlung und stellt das Ergebnis der Anstrengung dar.
(7) **Intrinsische und extrinsische Belohnung:** Die Folge des Leistungsverhaltens ist die Belohnung. Dabei kann es sich um eine intrinsische Belohnung (7a) handeln, wie ein Erfolgserlebnis. Oder um eine extrinsische Belohnung (7b), z. B. in Form einer Bezahlung.
(8) **Angemessenheit der Belohnung:** Erwartung an die Belohnung für die aufgebrachte Anstrengung.

---

[191] In Anlehnung an Porter/Lawler, Managerial Attitudes and Performance, 1968, S. 165.
[192] Vgl. Drumm, Personalwirtschaft, 2008, S. 402–403.

(9) **Zufriedenheit:** Befriedigung als Differenz aus Anspruchsniveau und tatsächlicher Höhe der Belohnung.

Die beiden Kernpunkte des Modells sind einerseits die Wahrscheinlichkeit, durch große Bemühungen ein Ziel zu erreichen, und andererseits der Wert, den die Erreichung des Zieles für den jeweiligen Mitarbeiter hat.[193]

8.2.2.3 Erweitertes kognitives Motivationsmodell nach Heckhausen

Das aus dem Jahre 1977 stammende erweiterte kognitive Motivationsmodell nach Heckhausen basiert ebenfalls auf den Grundlagen der VIE-Theorie nach Vroom. Zentraler Baustein des Modells ist die Valenz, also der Wert, der einem zu erwartenden Ergebnis beigemessen wird. Das Modell von Heckhausen basiert auf vier wesentlichen Grundbausteinen, anhand deren sich untersuchen lässt, wann ein Mensch handeln wird, um ein bestimmtes Ziel zu erreichen. Dazu zählen die wahrgenommene **Situation**, die mögliche **Handlung**, das **Ergebnis** dieser Handlung und die möglichen **Folgen**, die aus der Handlung resultieren. Die Theorie von Heckhausen basiert auf den folgenden Annahmen:[194]

- **Situations-Ergebnis-Erwartung:** Die Situations-Ergebnis-Erwartung ist die Annahme, wie das Ergebnis ausfallen wird, wenn der Mensch nicht durch eine zielgerichtete Handlung in die Situation eingreift.
- **Handlungs-Ergebnis-Erwartung:** Die Handlungs-Ergebnis-Erwartung ist die Annahme, mit welcher Wahrscheinlichkeit die eigene Handlung zum gewünschten Ergebnis führen wird.
- **Ergebnis-Folge-Erwartung:** Die Ergebnis-Folge-Erwartung ist die Annahme, mit welcher Wahrscheinlichkeit das erzielte Ergebnis relevante Folgen nach sich ziehen wird.

8.3 Führungstheorien

Die Führungstheorien sind theoretische Ansätze zur Erklärung von Führung mit dem Ziel der Beeinflussung des Mitarbeiterverhaltens. Die Führungstheorien stellen dabei unterschiedliche Faktoren in den Mittelpunkt ihrer Betrachtung – die Eigenschaften einer Führungskraft, das Führungsverhalten und das Führungsverhalten in Abhängigkeit der jeweiligen Situation. Sie lassen sich in **Eigenschaftstheorien**, **Verhaltenstheorien** und **Situationstheorien** differenzieren.

---

[193] Vgl. Porter/Lawler, Managerial Attitudes and Performance, 1968, S. 165.
[194] Vgl. Heckhausen, Achievement motivation and its constructs: A cognitive model, 1977, S. 283–285.

8.3 Führungstheorien

8.3.1 Eigenschaftstheorien

Die Eigenschaftstheorien sind einer der ältesten Ansätze, um Führung zu erklären. Sie basieren auf der Annahme, dass die Charaktereigenschaften und Wesenszüge einer Führungskraft entscheidend für dessen Führungserfolg sind.[195] Die Eigenschaftstheorien stellen somit einen Ansatz zur Ermittlung und Benennung zeitlich überdauernder Eigenschaften dar, die eine erfolgreiche Führungskraft kennzeichnen.

8.3.1.1 Grundfaktoren nach Stogdill

Die Grundfaktoren von Stogdill aus dem Jahre 1948 sind eine Zusammenstellung der wesentlichen Eigenschaften, die für Führungskräfte und den Führungserfolg kennzeichnend sind:[196]

- Befähigung
- Leistung
- Verantwortlichkeit
- Teilnahme
- Status

Stogdill weist darauf hin, dass die Führungseigenschaften je nach Situation variieren können. Der situationsgerechte Einsatz der Eigenschaften hat somit entscheidenden Einfluss auf den Führungserfolg.[197]

8.3.1.2 Charisma-Theorie nach Conger/Kanungo

Die 1998 veröffentlichte Charisma-Theorie von Conger und Kanungo ist eine Aufzählung der wesentlichen Persönlichkeitseigenschaften, die eine charismatische Führungskraft kennzeichnen:[198]

- **Kommunikation einer Vision:** Die Führungskraft entwickelt inspirierende Zukunftsvisionen.
- **Politisches Gespür:** Die Führungskraft hat ein Gespür für Chancen, aber auch für Risiken.
- **Unkonventionelles Verhalten:** Die Führungskraft weicht von gewohnten Strukturen ab und überrascht durch ungewöhnliche Ansätze.
- **Persönliche Risikobereitschaft:** Die Führungskraft scheut nicht vor persönlichen Risiken.

---

[195] Vgl. Bühner, Personalmanagement, 2005, S. 275.
[196] Vgl. Bass, Stogdill's Handbook of Leadership, 1981, S. 66.
[197] Vgl. Bühner, Personalmanagement, 2005, S. 276.
[198] Vgl. Conger, Kanungo, Charismatic Leadership in Organizations, 1998, S. 121–125.

- **Sensibilität für die Bedürfnisse der Mitarbeiter:** Die Führungskraft hat Interesse an den individuellen Mitarbeiterbedürfnissen und handelt respektvoll im Umgang miteinander.
- **Empowerment:** Die Führungskraft gibt Verantwortung ab, indem Aufgaben durch Delegation an die Mitarbeiter weitergegeben werden.

Charismatische Führungskräfte treiben Neuerungen aktiv voran und schaffen es, Einfluss auf die Mitarbeiter zu nehmen und diese zu Veränderungen zu bewegen. Damit kann angenommen werden, dass Führungskräfte mit den oben genannten Eigenschaften ihre Mitarbeiter in von Schnelligkeit und Dynamik geprägten Zeiten strategisch besser führen können.

8.3.2 Verhaltenstheorien

Die Verhaltenstheorien basieren auf der Annahme, dass das Verhalten einer Führungskraft das entscheidende Kriterium für dessen Führungserfolg ist.[199] Sie beschreiben typische Verhaltensweisen und grenzen erfolgreiche von weniger erfolgreichen Führungsverhaltensweisen ab.

8.3.2.1 Führungsstilkontinuum von Tannenbaum/Schmidt

Das 1958 veröffentlichte eindimensionale Führungsstilkontinuum nach Tannenbaum und Schmidt ist eine Klassifizierung von sieben Führungsstilen anhand des Grades der Mitbestimmung von Führungskraft bzw. Mitarbeiter. Die beiden Extrempunkte dieses Kontinuums sind der autoritäre und der demokratische Führungsstil. Die folgende Abbildung visualisiert das Führungsstilkontinuum:

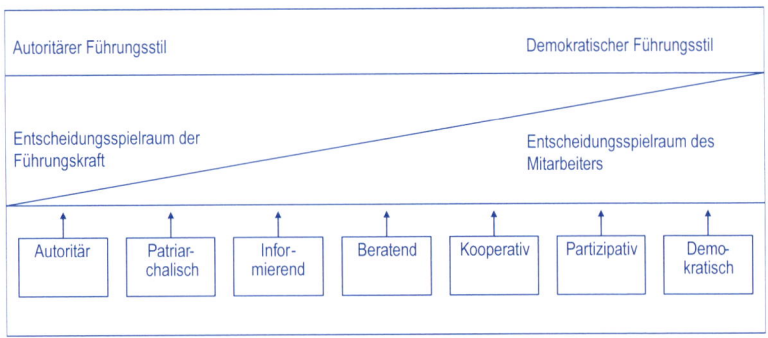

Abbildung 24: Führungsstilkontinuum nach Tannenbaum/Schmidt[200]

---

[199] Vgl. Bühner, Personalmanagement, 2005, S. 277.
[200] In Anlehnung an Tannenbaum/Schmidt, How to Choose A Leadership Pattern, 1958, S. 98–100.

Tannenbaum und Schmidt unterscheiden sieben Führungsstile:[201]
- **Autoritärer Führungsstil:** Die Führungskraft entscheidet und ordnet an. Die Mitarbeiter führen es aus, ohne die Entscheidung zu hinterfragen.
- **Patriarchalischer Führungsstil:** Die Führungskraft entscheidet und begründet. Die Mitarbeiter sollen von der Entscheidung überzeugt werden.
- **Informierender Führungsstil:** Die Führungskraft entscheidet und ermöglicht Fragen. Es soll eine Akzeptanz der Entscheidung bei den Mitarbeitern erreicht werden.
- **Beratender Führungsstil:** Die Führungskraft kündigt die beabsichtigte Entscheidung an. Die Mitarbeiter haben die Möglichkeit ihre Meinung zu äußern, bevor die die Führungskraft dann die endgültige Entscheidung trifft.
- **Kooperativer Führungsstil:** Die Führungskraft zeigt das Problem auf. Die Mitarbeiter entwickeln Vorschläge zur Lösung des Problems. Die Führungskraft entscheidet sich für eine der vorgestellten Lösungen.
- **Partizipativer Führungsstil:** Die Führungskraft zeigt das Problem auf und legt den Entscheidungsspielraum fest. Die Mitarbeiter treffen die Entscheidung.
- **Demokratischer Führungsstil:** Die Mitarbeiter entscheiden. Die Führungskraft fungiert als Koordinator.

8.3.2.2 Verhaltensgitter von Blake/Mouton

Blake und *Mouton* nutzen zur Charakterisierung des Verhaltens einer Führungskraft ein zweidimensionales „**Verhaltensgitter**", im englischen Sprachgebrauch ***Managerial Grid*** genannt. Es ermöglicht die Klassifizierung von Führungsstilen anhand von zwei Führungsdimensionen – der **Mitarbeiterorientierung** und der **Aufgabenorientierung**.

Für jede dieser beiden Dimensionen nutzen Blake/Mouton eine eigene Skala mit neun Ausprägungen:

---

[201] Vgl. Tannenbaum/Schmidt, How to Choose A Leadership Pattern, 1958, S. 98–100.

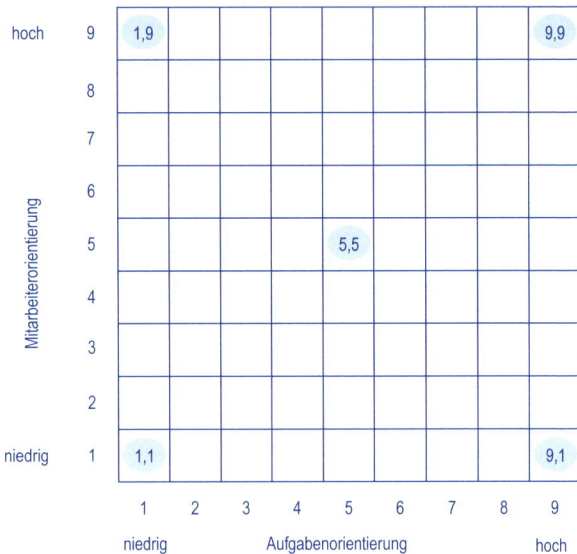

Abbildung 25: Verhaltensgitter nach Blake/Mouton[202]

Die **Mitarbeiterorientierung** wird auf der senkrechten Achse des Modells in neun Abstufungen bestimmt. Die waagerechte Achse, mit identischer Skala, stellt die Ausprägung der **Aufgabenorientierung** dar. Daraus ergibt sich ein Gitter mit 81 Kästchen, die symbolisch für je einen Führungsstil stehen.

Fünf dieser Führungsstile bezeichnen Blake und Mouton als **Schlüssel-Führungsstile**. Alle anderen Stile leiten sich aus diesen ab, stellen jedoch lediglich neue Variationen dar und werden daher nicht näher betrachtet. Blake und Mouton unterscheiden zwischen den folgenden Schlüssel-Führungsstilen anhand von Kennziffern:[203]

- **9,9:** Der Führungsstil zeichnet sich durch eine hohe Mitarbeiterorientierung und eine hohe Aufgabenorientierung aus. Er gilt als ideal und ist in jeder Situation anzustreben.
- **9,1:** Der Führungsstil ist gekennzeichnet durch eine niedrige Mitarbeiterorientierung und eine hohe Aufgabenorientierung. Die Arbeitsergebnisse stehen für die Führungskraft im Mittelpunkt. Die individuellen Mitarbeiterbedürfnisse haben dabei keine Relevanz.
- **5,5:** Der Führungsstil strebt ein Gleichgewicht zwischen Mitarbeiter- und Aufgabenorientierung an. In seiner Umsetzung führt er lediglich zu einem Kompromiss.

---

[202] In Anlehnung an Blake/Mouton, Verhaltenspsychologie im Betrieb, 1968, S. 33.
[203] Vgl. Blake/Mouton, Verhaltenspsychologie im Betrieb, 1968, S. 33–34.

- **1,1:** Der Führungsstil zeichnet sich durch eine niedrige Mitarbeiterorientierung und eine niedrige Aufgabenorientierung aus. Er gilt als schlechtester Führungsstil und sollte in jedem Fall vermieden werden.
- **1,9:** Der Führungsstil ist gekennzeichnet durch eine hohe Mitarbeiterorientierung und eine niedrige Aufgabenorientierung. Ein harmonisches Miteinander zwischen Führungskraft und Mitarbeiter steht im Mittelpunkt. Konflikte werden gemieden und die Erreichung der Unternehmensziele ist von zweitrangiger Bedeutung.

8.3.3 Situationstheorien

Die Situationstheorien stellen die Führung unter Einbeziehung situativer Faktoren in den Mittelpunkt der Betrachtung Sie stellen somit einen Ansatz situationsgerechter Führung dar.

8.3.3.1 Kontingenzmodell von Fiedler

Das 1967 veröffentlichte dreidimensionale Kontingenzmodell von Fiedler trifft Annahmen über die Effektivität eines Führungsstils in unterschiedlichen Situationen.

Der **Führungsstil** wird dabei als eine Sammlung konstanter Persönlichkeitsmerkmale gesehen, die sich im Zeitverlauf nicht verändern. Zur Ermittlung des jeweiligen Führungsstils hat Fiedler den LPC-Wert entwickelt. LPC ist eine Abkürzung für die englische Bezeichnung *Least Preferred Coworker*. Die Führungskraft bewertet somit den Mitarbeiter, den er am wenigsten schätzt. Ein hoher LPC-Wert weist auf ein mitarbeiterorientiertes Führungsverhalten hin. Wohingegen einer niedriger LPC-Wert einen eher aufgabenorientierten Führungsstil ausdrückt. Fiedler weist darauf hin, dass eine Führungskraft lediglich nach einem Führungsstil agiert. Eine Kombination von Führungsstilen ist demzufolge nicht möglich.[204]

Neben dem Führungsstil ist die **Günstigkeit der Situation** eine weitere Komponente zur Ermittlung der Führungseffektivität. Die Günstigkeit der Situation drückt aus, inwieweit die Situation Einfluss auf den Führungserfolg hat. Sie ist dabei von drei Faktoren abhängig: der Beziehung zwischen Führungskraft und Mitarbeiter, der Aufgabenstruktur und der Positionsmacht.[205]

Kernaussage des Modells von Fiedler ist, dass die Führungseffektivität und damit der Führungserfolg situationsbedingt ist.[206] Eine Änderung des Führungsstils je nach Situation ist nicht möglich, da dieser stark mit der Persönlichkeit zusammenhängt. Die Situation

---
[204] Vgl. Fiedler, A Theory of Leadership Effectiveness, 1967, S. 16.
[205] Vgl. Fiedler, A Theory of Leadership Effectiveness, 1967, S. 39.
[206] Vgl. Bühner, Personalmanagement, 2005, S. 284.

muss daher an den Führungsstil angepasst werden. In Extremsituationen, d. h. in besonders günstigen bzw. ungünstigen Situationen, ist der aufgabenorientierte Führungsstil effektiver. Wohingegen in „Normal"-Situationen der mitarbeiterorientierte Führungsstil erfolgreicher ist. Einfluss auf die Effektivität von Führung kann nur genommen werden, indem die Situation dem individuellen Führungsstil angepasst wird oder eine Führungskraft mit dem zur Situation passenden Führungsstil eingesetzt wird.[207]

8.3.3.2 3D-Modell von Reddin

Das 1970 veröffentlichte dreidimensionale Modell von Reddin basiert auf drei Dimensionen der Führung: der aufgabenorientierten, der mitarbeiterorientierten und der effektivitätsorientierten Führung. Reddin geht davon aus, dass das Verhalten einer Führungskraft mit der zu erledigenden Aufgabe und der Beziehung zu anderen Menschen zu tun hat. Daraus ergeben sich nach Reddin zwei zentrale Dimensionen: die Aufgabenorientierung und die Beziehungsorientierung. Auf Basis dieser beiden Dimensionen leitet Reddin vier Führungsstile ab – den Verfahrensstil, den Aufgabenstil, den Beziehungsstil und den Integrationsstil. Der Einsatz dieser Führungsstile kann bei effizienter bzw. ineffizienter Nutzung zu unterschiedlichem Führungsverhalten führen.

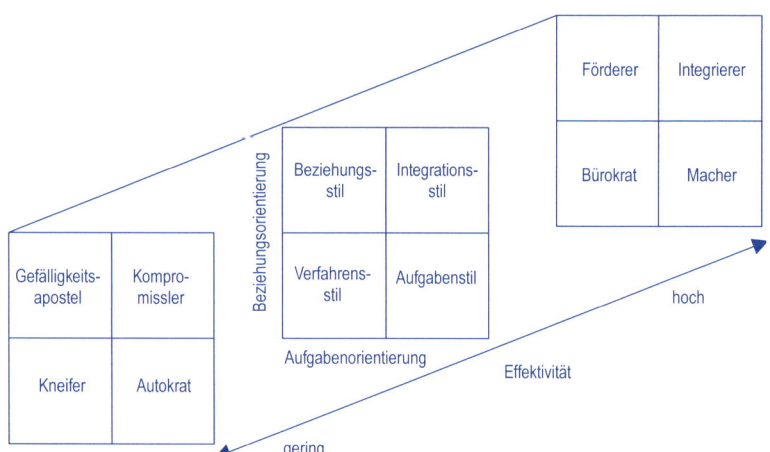

Abbildung 26: 3D-Modell nach Reddin[208]

Nach Reddin ergeben sich durch die Kombination von Aufgabenorientierung und Beziehungsorientierung vier Führungsstile: der

---

[207] Vgl. Wunderer/Grunwald, Führungslehre, 1980, S. 264.
[208] In Anlehnung an Reddin, The 3-D Management Style Theory, 1979, S. 66.

8.3 Führungstheorien

Verfahrensstil, der Aufgabenstil, der Beziehungsstil und der Integrationsstil:[209]

- **Verfahrensstil:** Der Verfahrensstil basiert auf einer niedrigen Aufgabenorientierung und einer niedrigen Beziehungsorientierung. Er ist durch Regeln und Vorschriften geprägt.
- **Aufgabenstil:** Der Aufgabenstil ist durch eine hohe Aufgabenorientierung und eine niedrige Beziehungsorientierung geprägt. Die Erfüllung der Aufgaben wird somit vor die Belange der Mitarbeiter gestellt.
- **Beziehungsstil:** Der Beziehungsstil basiert auf einer niedrigen Aufgabenorientierung und einer hohen Beziehungsorientierung. Die Führungskraft ist in erster Linie um ein gutes Verhältnis zu ihren Mitarbeitern bemüht.
- **Integrationsstil:** Der Integrationsstil ist durch eine hohe Aufgabenorientierung und eine hohe Beziehungsorientierung geprägt. Es werden sowohl die Belange der Mitarbeiter wie auch die Erledigung der Aufgaben gleichermaßen berücksichtigt.

Bei Annahme einer geringen Effektivität dieser Führungsstile ergeben sich die folgenden Führungskräfte: der Kneifer, der Gefälligkeitsapostel, der Autokrat und der Kompromissler:[210]

- **Kneifer:** Der Kneifer resultiert aus einer geringen Effektivität des Verfahrensstils. Er hält starr an Regeln und Vorschriften fest, widersetzt sich Neuerungen, meidet Verantwortung und verhält sich unkooperativ gegenüber anderen.
- **Gefälligkeitsapostel:** Der Gefälligkeitsapostel resultiert aus einer geringen Effektivität des Beziehungsstils. Er besitzt einen starken Harmoniegedanken und strebt nach einem guten Verhältnis zu seinen Mitarbeitern. Auftretende Konflikte meidet er. Der starke Fokus auf die Beziehungsebene lässt die Erledigung der Arbeitsaufgaben in den Hintergrund rücken.
- **Autokrat:** Der Autokrat resultiert aus einer geringen Effektivität des Aufgabenstils. Für ihn steht die Erfüllung der Arbeitsaufgaben im Mittelpunkt. Dabei fordert er Gehorsam und ist nicht an den Meinungen der Mitarbeiter interessiert. Das fehlende Vertrauen kompensiert er durch Kontrolle.
- **Kompromissler:** Der Kompromissler resultiert aus einer geringen Effektivität des Integrationsstils. Sein Ansatz eines hohen Mitspracherechts der Mitarbeiter führt zu weit, sodass er nicht in der Lage ist, konsequente Entscheidungen zu treffen. Seine Führung ist geprägt von widersprüchlichem Verhalten.

---

[209] Vgl. Bühner, Personalmanagement, 2005, S. 281.
[210] Vgl. Bühner, Personalmanagement, 2005, S. 281.

Als Gegenpol können die Führungsstile bei situationsgerechter Nutzung allerdings auch eine hohe Effektivität erzielen. Diese Führungskräfte bezeichnet Reddin als Verwalter, Förderer, Macher und Integrierer:[211]

- **Verwalter:** Der Verwalter resultiert aus einer hohen Effektivität des Verfahrensstils. Die Einhaltung der Regeln steht für ihn im Mittelpunkt. Dabei ist er fair, gerecht und zuverlässig.
- **Förderer:** Der Förderer resultiert aus einer hohen Effektivität des Beziehungsstils. Er ist an seinen Mitarbeitern interessiert, hört zu und fördert ihre Stärken. Sein kooperativer Führungsansatz basiert auf gegenseitigem Vertrauen.
- **Macher:** Der Macher resultiert aus einer hohen Effektivität des Aufgabenstils. Er ist fleißig, entscheidungsfreudig und zeigt Initiative. Er wird aufgrund seiner Fachexpertise von Mitarbeitern akzeptiert und schafft es, dass diese in seinem Interesse handeln.
- **Integrierer:** Der Integrierer resultiert aus einer hohen Effektivität des Integrationsstils. Er setzt das Mitspracherecht seiner Mitarbeiter je nach Situation angemessen ein und trifft Entscheidungen in der Zusammenarbeit mit anderen. Er koordiniert die Gruppe, weckt Engagement für gesetzte Ziele und fördert hohe Leistungen.

Die Kernaussage des 3D-Modells von Reddin ist, dass ein optimaler Führungsstil nicht existiert. Unterschiedliche Situationen erfordern unterschiedliche Führungsstile und damit auch ein unterschiedliches Verhalten.[212]

8.4 Kontrollfragen

Nachdem Sie das Kapitel bearbeitet haben, sollten Sie folgende Aufgaben beantworten können:

K 8-01   Stellen Sie die Bedürfnispyramide nach Abraham Maslow dar. Diskutieren Sie, welche Erkenntnisse eine Führungskraft aus dem Modell für die praktische Führungsarbeit ziehen kann.

K 8-02   Erläutern Sie das Führungsstilkontinuum von Tannenbaum/Schmidt und charakterisieren Sie kurz jeden der darin enthaltenen Führungsstile.

K 8-03   Stellen Sie die Menschenbilder nach McGregor dar. Erläutern Sie, warum Menschenbilder eine große Rolle für die konkrete Führungsarbeit haben und warum viele Führungskräfte die „Theorie X" als „selbsterfüllende Prophezeiung" sehen.

---

[211] Vgl. Bühner, Personalmanagement, 2005, S. 281.
[212] Vgl. Bühner, Personalmanagement, 2005, S. 280.

8.4 Kontrollfragen

K 8-04 Beschreiben Sie die Menschenbilder nach Schein. Wozu werden Menschenbilder in der Führungsarbeit genutzt?

K 8-05 Stellen Sie das Managerial-Grid-Modell ausführlich dar. Beschreiben Sie die beiden Führungsstile „9;9" und „5;5" nach Blake/Mouton.

K 8-06 Beschreiben Sie Herzbergs Zwei-Faktoren-Theorie. Welche Schlussfolgerungen lassen sich daraus ableiten, worauf „gute Führung" achten sollte?

Personalfreisetzung 9

„Personalfreisetzung mit Entlassung gleichzusetzen hieße, nur eine Verwendungsalternative für nicht mehr benötigtes Personal zuzulassen."[213] *Jürgen Drumm (1937–2018)*

Personalkosten zählen für Dienstleistungsbetriebe zu den größten Kostenblöcken. Daher sind Unternehmen darauf bedacht, eine nicht benötigte personelle Überkapazität zu reduzieren. Dies leistet die Personalfreisetzung. Mit den Maßnahmen der Personalfreisetzung wird dafür gesorgt, dass nicht mehr als die für die zu erbringende Leistung benötigten Mitarbeiter vom Unternehmen entlohnt werden müssen.

Personalfreisetzungsmaßnahmen bedeuten einen tiefen Einschnitt sowohl für betroffene Mitarbeiter als auch das Unternehmen. Die folgenden Ausführungen zeigen zunächst auf, wie vor der „harten Maßnahme" einer Entlassung sanfte Alternativen genutzt werden können, um die angestrebte Anpassung der Personalkapazität ohne einseitige Kündigung zu realisieren.

Sofern die sanften Maßnahmen nicht die gewünschte Wirkung entfalten, wird die Kündigung des Arbeitsverhältnisses erwogen werden. Die rechtlichen Vorgaben sowie die Fälle, in denen gekündigt werden kann, bilden zusammen mit den Beteiligungsrechten des Betriebsrates bei Kündigungen den zweiten Teil dieses Kapitels.

---

[213] Drumm, Personalwirtschaft, 2008, S. 249.

Lernziele

Die folgenden Ziele können Sie mit dem Textstudium dieses Kapitels erreichen:

- Sie wissen, aus welchen Gründen eine Personalfreisetzung erforderlich sein kann und
- welche Folgen damit für betroffene Arbeitnehmer und das Unternehmen verbunden sind.
- Sie kennen die „sanften Alternativen" zur Entlassung und deren Anwendungsmöglichkeiten.
- Sie wissen, wie sich ordentliche und außerordentliche Kündigung unterscheiden und welche Folgen mit der jeweiligen Kündigungsform verbunden sind.
- Sie kennen die gesetzlichen Kündigungsfristen und wissen, welche Gründe bei einer „sozialverträglichen Kündigung" vorliegen müssen.
- Sie kennen die Beteiligungsrechte des Betriebsrats.

9.1 Aufgaben und Ziele der Personalfreisetzung

Aufgaben und Ziele der Personalfreisetzung werden deutlich, wenn man sich dem Begriff definitorisch nähert:

> **Personalfreisetzung** bezeichnet den Abbau einer personellen Überkapazität einer Organisation. Synonym bezeichnet man eine personelle Überkapazität auch als „Personalüberhang".

Damit sollen als Ziel entweder ein sog. Personalüberhang, also eine Situation, in der mehr Mitarbeiter als passende Arbeitsaufgaben vorhanden sind, reduziert werden oder ein Beschäftigungsverhältnis aus anderen Gründen, z.B. solchen, die in der Person oder dem Verhalten des Arbeitnehmers liegen, beendet werden. Eine Möglichkeit zur Reduktion des Personalüberhangs ist die Kündigung des Arbeitsverhältnisses.

> **Personalfreisetzung** kann allgemein folgende **Ursachen** haben:
> - **Unternehmens- oder betriebsbedingte** Ursachen: Ereignisse, die entweder für das gesamte Unternehmen (z.B. „Konjunkturflaute") oder für räumlich-organisatorisch abgegrenzte Teile, sog. Betriebe, zu einer personellen Überkapazität führen.
> - **Personenbedingte** oder **krankheitsbedingte** Ursachen: Hierunter fallen alle Auslöser, die in der Person des Arbeitnehmers liegen (z.B. Defizite im Verhalten bzw. krankheitsbedingter Verlust der Leistungsfähigkeit).

9.1 Aufgaben und Ziele der Personalfreisetzung

Ein unternehmens- oder betriebsbedingter Personalüberhang kann beispielsweise durch folgende **Gründe** entstehen:

- Konjunkturbedingter Absatzrückgang: In Zeiten allgemein schwacher Nachfrage kann weniger abgesetzt werden, als das Unternehmen mit seiner Belegschaft produzieren könnte.
- Saisonaler Absatzrückgang: Jahreszeitlich bedingt wechseln sich Zeiten starker und schwacher Nachfrage ab. Schlechte Witterung verhindert im Winter manche Baumaßnahmen, weshalb Bauunternehmen in den Wintermonaten oftmals einen Personalüberhang verzeichnen.
- Strategische Neuausrichtung: Veränderungen im Leistungsangebot des Unternehmens führen zu notwendigen Anpassungen der Belegschaftsstruktur. Eventuell werden Mitarbeiter mit bestimmten Qualifikationen nicht mehr im Unternehmen benötigt.
- Stilllegung von Betriebsteilen: Die Schließung von Betrieben oder Teilen davon ist eine unternehmerische Entscheidung, die den Personalbedarf in betroffenen Bereichen auf null reduziert und Personalfreisetzungsmaßnahmen einleitet.
- Fehler in der Personalplanung: Die Personalplanung prognostiziert entweder einen zu hohen Personalbedarf am Planungshorizont oder schätzt für diesen Zeitpunkt den dann vorhandenen Personalbestand zu gering und damit falsch ein. In der Folge wird Personal aufgebaut, für das keine Beschäftigung vorhanden ist.

Aufgabe der Personalfreisetzung ist, zur Reduktion der personellen Überkapazität geeignete Maßnahmen zu bestimmen und unter Beachtung der Arbeits- und Mitbestimmungsgesetze umzusetzen.

> Maßnahmen zur Personalfreisetzung werden nach ihrer Intensität differenziert:
> - **Sanfte Maßnahmen** zielen darauf ab, das in Form des Personalüberhangs zur Verfügung stehende Arbeitskräftepotenzial des Unternehmens zu vermindern, ohne Entlassungen auszusprechen.
> - **Harte Maßnahmen** der Personalfreisetzung beenden dagegen die Zusammenarbeit mit betroffenen Mitarbeitern durch eine arbeitgeberseitige Kündigung des Arbeitsverhältnisses.

Harte Maßnahmen der Personalfreisetzung sind aus folgenden Gründen problematisch für betroffene Mitarbeiter, aber auch für das Unternehmen:

- Existenzängste und Sorgen vor sozialem Abstieg bei betroffenen Mitarbeitern: Das Arbeitsverhältnis ist für Mitarbeiter normalerweise die Haupterwerbsquelle und sichert den Lebensunterhalt. Bei einem intakten Arbeitsverhältnis geht der Mitarbeiter davon aus, dass die Zusammenarbeit für längere Zeit fortgesetzt wird. Im Vertrauen darauf trifft er Entscheidungen. So kauft der Mitarbeiter eventuell ein Auto oder Haus in der Annahme, mit seinem Ein-

kommen die Anschaffung finanzieren zu können. Die Personalfreisetzung stellt diese Entscheidungen sofort infrage.
- Bruch des „moralischen Vertrages": Neben dem schriftlichen Arbeitsvertrag gibt es noch einen unausgesprochenen „moralischen Vertrag" zwischen Arbeitnehmer und Arbeitgeber. Sein Inhalt lautet: Wer beste Leistung gibt, hat einen sicheren Arbeitsplatz. Sind Arbeitsplätze nun plötzlich bedroht, wird das bisherige Verhalten in Zweifel gezogen und hinterfragt. Dies gilt nicht nur für Betroffene, sondern für alle Mitarbeiter. Daher kommt es nach Kündigungswellen häufig zu Leistungseinbrüchen bei der Restbelegschaft.
- Imageverlust: Neben dem internen Ansehensverlust erleidet das Unternehmen am externen Arbeitsmarkt und in den Augen der Öffentlichkeit einen Imageverlust. Größere Personalfreisetzungen werden mit einer „Schieflage" des Unternehmens assoziiert.
- Kompetenzverlust: Mit den entlassenen Mitarbeitern verliert das Unternehmen auch deren Kompetenzen. Dies ist insbesondere dann schwerwiegend, wenn es sich um gut ausgebildete Mitarbeiter oder solche mit langjähriger Berufserfahrung handelt.
- Finanzielle Folgekosten: Abfindungszahlungen und die gegebenenfalls bestehende Pflicht zur Aufstellung eines Sozialplanes bedeuten hohe finanzielle Folgekosten. Zudem: Baut man „zu viel" Personal ab oder gibt es plötzlich einen höheren Auftragseingang, muss das Unternehmen Überstunden anordnen. Diese sind deutlich teurer als reguläre Arbeitszeit.
- Kosten der Wiederbeschaffung: Bei einer Verbesserung der Konjunktur oder bei allgemein besserer Beschäftigungslage muss das Unternehmen die dann fehlenden Mitarbeiter neu auf dem Arbeitsmarkt rekrutieren. Die Personalbeschaffung kostet Geld.

Aufgrund der dargestellten Konsequenzen sind harte Maßnahmen der Personalfreisetzung grundsätzlich das letzte Mittel. Inwieweit sanfte Maßnahmen der Personalfreisetzung ausreichend sind, wird bei betriebsweiter Betrachtung wesentlich davon bestimmt, ob der Beschäftigungsrückgang zeitweise („saisonale Schwankung", „konjunkturelle Delle") oder zeitlich länger andauernd ist („Rezession", „Betriebsstilllegung" etc.).

9.2 Gesetzliche Rahmenbedingungen der Personalfreisetzung

Arbeitnehmer sind – im Rahmen des Arbeitsvertrags – persönlich und in der Regel wirtschaftlich vom Arbeitgeber abhängig. Daher hat der Gesetzgeber einen **besonderen Schutzbedarf für** die **Arbeitnehmer** erkannt und die Personalfreisetzung durch zahlreiche arbeits- und mitbestimmungsrechtliche Vorschriften reguliert.

Mit einer Kündigung erklärt der Arbeitgeber seinen Willen zur Beendigung des Arbeitsverhältnisses. Dabei hat er die Regelungen zum Kündigungsschutz zu beachten. Man unterscheidet den

- allgemeinen Kündigungsschutz, er gilt für alle Arbeitnehmer, sowie
- zusätzliche Kündigungsschutzvorschriften für besondere Mitarbeiter.

Der **allgemeine Kündigungsschutz** gilt für **alle Arbeitnehmer**. Er ergibt sich aus den Kündigungsfristen des Bürgerlichen Gesetzbuches (**BGB**) sowie den Regelungen des Kündigungsschutzgesetzes (**KSchG**).

Daneben gibt es **besondere Personengruppen**, für die **zusätzliche Schutzvorschriften** gelten: Schwangere und Mütter sind beispielsweise bis zu einem Zeitraum von vier Monaten nach der Entbindung vor Entlassungen geschützt (§ 9 Mutterschutzgesetz), schwerbehinderte Arbeitnehmer genießen besonderen Schutz durch § 85 SGB IX und Organe der Betriebsratsverfassung (z. B. Betriebsratsmitglieder) sind durch § 15 KSchG geschützt.

Ist der betroffene Mitarbeiter in einem Betrieb beschäftigt, in dem ein **Betriebsrat** gewählt wurde, gelten ergänzend Vorschriften aus der **betrieblichen Mitbestimmung**. Gehört der Mitarbeiter nicht zum Kreis der leitenden Angestellten, so ist in diesem Fall **§ 102 BetrVG** unbedingt zu beachten. Dort heißt es unter anderem:

> **§ 102 BetrVG: Mitbestimmung bei Kündigungen**
> (1) Der Betriebsrat ist vor jeder Kündigung zu hören. Der Arbeitgeber hat ihm die Gründe für die Kündigung mitzuteilen. Eine ohne Anhörung des Betriebsrats ausgesprochene Kündigung ist unwirksam.
> (2) ...

Die Umsetzung dieses sog. **Anhörungsrechts** wird weiter unten in diesem Kapitel erläutert. Wichtig zu merken ist bereits jetzt, dass eine **Kündigung**, die **ohne Anhörung** des Betriebsrates stattfindet, **unwirksam** ist.

Leitende Angestellte nehmen im BetrVG eine Sonderstellung ein (§ 5 Abs. 3 BetrVG). Soll einem leitenden Angestellten gekündigt werden, so muss der Betriebsrat nach **§ 105 BetrVG** lediglich vorab **informiert** werden.

9.3 Alternativen zur Personalfreisetzung

Der unfreiwillige Verlust des Arbeitsplatzes stellt für Betroffene einen tiefen Einschnitt dar. Daher ist es Aufgabe des Arbeitgebers, zu prüfen, ob sich die Personalfreisetzung nicht durch „sanftere Maßnahmen" verhindern lässt. Im Folgenden finden sich Maßnahmen, mit denen Kündigungen aus wirtschaftlichen Gründen, wie z. B. im Falle eines Umsatzrückgangs oder einer „Absatzflaute" vermieden werden können. Betrachtet werden:

- Erhöhung der Beschäftigung,
- Verminderung des betrieblichen Arbeitszeitangebots,
- Nutzung der natürlichen Fluktuation sowie die
- einvernehmliche Kündigung.

Allen Maßnahmen ist gemeinsam, dass sie versuchen, das betriebliche Überangebot an Arbeitskraft zeitweise zu vermindern oder dieses besser auszulasten.

9.3.1 Erhöhung der Beschäftigung

Durch die kurzfristige Erhöhung der Beschäftigung soll der Personalbedarf des Unternehmens gesteigert werden. Bei einem gegebenen Personalbestand wird dessen Auslastung verbessert. Der Personalüberhang verkleinert sich somit. In gleichem Umfang sinkt die Notwendigkeit für harte Personalfreisetzungsmaßnahmen.

Eine kurzfristige Erhöhung der Beschäftigung kann durch folgende Maßnahmen erreicht werden:

- Rücknahme von fremdvergebenen Aufträgen
- Lagerproduktion
- Ausweitung der Auftragsproduktion
- Vorziehen von Instandhaltungsmaßnahmen
- Maßnahmen der Personalentwicklung

Kaum ein Unternehmen macht alles selbst. Die Fremdvergabe von Aufträgen ist insbesondere in Zeiten guter Beschäftigung der Normalfall. So lagert beispielsweise ein produzierendes Unternehmen zur Verminderung der Fertigungstiefe solche Produktionsaufgaben aus, die ein anderes Unternehmen besser oder kostengünstiger erfüllen kann. Bei Vorliegen eines Personalüberhangs können diese – oftmals einfachen – Produktionsaufgaben wieder in das Unternehmen zurückgeholt werden. Die **Rücknahme fremdvergebener Aufträge** kann Entlassungen vermeiden. Ein eventuell resultierender (geringer) Kostennachteil wird in Kauf genommen.

Bei ungenügender Beschäftigung kann als weitere Alternative einer sanften Personalfreisetzungsmaßnahme **„auf Lager" produziert** werden. Trotz fehlender aktueller Absatzmöglichkeiten werden Produkte für einen abstrakten zukünftigen Kunden erzeugt. Für die Dauer der Lagerproduktion generiert dies zusätzlichen Personalbedarf. Dieses Vorgehen ist nur für Sachprodukte und nicht für Dienstleistungen anwendbar. Zudem erfordert es eine hohe Liquidität: Die Lager-

9.3 Alternativen zur Personalfreisetzung

produktion bindet Kapital in den eingesetzten Rohstoffen, daneben fallen unvermindert Personalkosten an. Ohne Abverkauf der Lagerbestände kann ein Unternehmen dies selten lange durchhalten.

Die **Ausweitung der Auftragsproduktion** ist eine weitere Alternative: Das Unternehmen bewirbt sich bei anderen Unternehmen um die Übernahme von Fertigungsaufträgen. Durch die so entstehende Auftragsproduktion wird zeitweise zusätzliche Beschäftigung geschaffen. Die Erfolgswahrscheinlichkeit dieser Maßnahme hängt zum einen davon ab, von welcher Art der Beschäftigungsrückgang ist: Bei einem konjunkturbedingten Beschäftigungsrückgang sind andere Unternehmen typischerweise in gleichem Maße betroffen. Folglich werden diese kaum zusätzliche Aufträge nach außen vergeben. Zum anderen muss das Management über eine ausgeprägte Verkaufskompetenz verfügen, um schnell Volumen zur Auftragsproduktion akquirieren zu können.

Das **Vorziehen von Instandhaltungsmaßnahmen** führt zu einer zeitlichen Vorverlagerung von turnusartigen Instandhaltungsmaßnahmen. In diesem Fall werden Teile der Belegschaft mit Wartungsaufgaben betraut. Dies ermöglicht, eine Phase schwacher Beschäftigung zu überbrücken, und sichert zugleich die Produktionsfähigkeit zu einem späteren Zeitpunkt. Voraussetzung dieser Maßnahme ist, dass die Mitarbeiter auch für Instandhaltungsaufgaben an ihren Maschinen qualifiziert sind. Dies ist üblicherweise bei Facharbeitern der Fall, weniger bei un- oder angelernten Arbeitskräften.

Beschäftigungsschwache Zeiten können auch überbrückt werden, indem Mitarbeiter an **Personalentwicklungsmaßnahmen** teilnehmen. Mitarbeiter, die nicht an der Personalentwicklung teilnehmen, übernehmen die Arbeit der Kollegen. Die Auslastung verbessert sich. Zudem erwerben Teile der Belegschaft neues Wissen und neue Fähigkeiten. Das Unternehmen stellt sich so gut auf für den Moment, in dem der „Konjunkturmotor" wieder anspringt. Da bei dieser Maßnahme zu den weiterlaufenden Personalkosten zusätzlich Schulungskosten der Personalentwicklung entstehen, ist sie nur anzuraten, wenn eine baldige Rückkehr zum üblichen Beschäftigungsniveau sicher absehbar ist.

9.3.2 Verminderung des betrieblichen Arbeitszeitangebots

Die zweite Gruppe von sanften Maßnahmen zur Personalfreisetzung beruht auf dem Ansatz, die dem Unternehmen zur Verfügung stehenden Arbeitszeiten der Mitarbeiter zu reduzieren. In Summe verkleinert sich so das gesamte, in Stunden ausgedrückte, Arbeitspotenzial der Belegschaft. Dies kann für die betroffenen Mitarbeiter Einkommenseinbußen bedeuten, aber durch die Solidarität der Belegschaft können Entlassungen vermieden werden: Eine gegebene Beschäftigung wird auf „mehrere Schultern" und gegebenenfalls zeitlich differenziert verteilt. Maßnahmen sind:

- Urlaubsgestaltung
- Reduktion von Überstunden und Mehrarbeit
- Verkürzung der betriebsüblichen Arbeitszeit
- Kurzarbeit
- Versetzung

Der Arbeitgeber kann als **Urlaubsgestaltung** sog. **Betriebsferien** bestimmen, um damit kurzfristige saisonale Beschäftigungsschwankungen auszugleichen. Unter Betriebsferien sind Zeiten zu verstehen, in denen alle Arbeitnehmer Urlaub nehmen müssen und der Betrieb damit geschlossen wird. Betriebsferien sind hauptsächlich aus Betrieben bekannt, die in der Produktion streng nach dem Prinzip der Fließfertigung organisiert sind: Falls im Sommer zu den typischen Urlaubszeiten zu viele Mitarbeiter zeitgleich Urlaub einreichen, kann die Produktion nicht aufrechterhalten werden.

Der Arbeitgeber kann Betriebsferien anordnen. Die Begründung dazu lautet meist auf „dringende betriebliche Erfordernis". Allerdings ist bei Anordnung von Betriebsferien auf die Belange der Arbeitnehmer Rücksicht zu nehmen (§ 7 Abs. I BUrlG). Zudem darf der Arbeitgeber nicht den kompletten Jahresurlaub vorgeben. Nach Ansicht des Bundesarbeitsgerichtes darf die vom Arbeitgeber bestimmte Urlaubszeit 50–60 % des Jahresurlaubes nicht überschreiten.

In Betrieben mit Betriebsrat sind dessen Mitbestimmungsrechte zu beachten. Gemäß § 87 Abs. I Nr. 5 BetrVG bedarf es hinsichtlich der Urlaubsgrundsätze und des Urlaubsplans einer gemeinsamen Entscheidung von Arbeitgeber und Betriebsrat.

Mit der **Einschränkung von Überstunden und Mehrarbeit** wird eine Rückkehr zur normalen Wochenarbeitszeit der Mitarbeiter angestrebt. Die vorhandene Beschäftigung verteilt sich damit besser auf alle Mitarbeiter.

Überstunden liegen vor, wenn der Arbeitnehmer eine höhere Stundenzahl arbeitet, als er gemäß Arbeitsvertrag müsste. Mehrarbeit liegt vor, wenn die Arbeitszeit über das tarifvertraglich geregelte Volumen hinausgeht.

Die Entscheidung zur Reduktion der zusätzlichen Arbeitszeit kann der Arbeitgeber alleine treffen. Es handelt sich nicht um einen mitbestimmungspflichtigen Tatbestand nach § 87 Abs. 1 BetrVG. Die Maßnahme ist somit kurzfristig einsetzbar. Es fallen umgehend die Entgeltzuschläge für Überstunden und Mehrarbeit weg, weshalb die Personalkosten überproportional entlastet werden.

9.3 Alternativen zur Personalfreisetzung

Verkürzung der betriebsüblichen Arbeitszeit: Indem die tägliche, wöchentliche, monatliche oder jährliche Arbeitszeit je Mitarbeiter gekürzt wird, wird bei reduziertem Personalbedarf eine rechnerische Anpassung des Personalbestandes erreicht. Ziel ist es, weiterhin allen Beschäftigungswilligen Arbeit zu geben.

Eine Verkürzung der Arbeitszeit kann mit oder ohne Lohnausgleich angestrebt werden. In jedem Fall ist eine Änderung des Arbeitsvertrages erforderlich. Dies kann kollektivrechtlich durch Tarifvertrag oder eine Betriebsvereinbarung geschehen. Eine Anpassung der individuellen Arbeitsverträge ist zwar möglich, wegen des Aufwandes aber nicht praktikabel.

Die Existenz eines Betriebsrates ist in dieser Situation Vor- und Nachteil zugleich: Von Vorteil ist es, weil eine mit ihm geschlossene Betriebsvereinbarung die Anpassung der Arbeitsverträge bewirkt. Von Nachteil ist es, weil die Entscheidung zur Arbeitszeitverkürzung gemäß § 87 Abs. 1 Nr. 3 BetrVG der gleichberechtigten Mitbestimmung des Betriebsrates unterliegt.

Kurzarbeit: Unternehmen können in Krisenzeiten Produktion und Dienstleistung reduzieren oder den Betrieb komplett herunterfahren. Für die Beschäftigten kann der Arbeitgeber dann **Kurzarbeitergeld** bei der Bundesagentur für Arbeit beantragen. Die Einführung von Kurzarbeit ist mitbestimmungspflichtig nach § 87 Abs. 1 Nr. 3 BetrVG.

Kurzarbeit ist auf 12 Monate begrenzt. Im Anschluss ist eine Rückkehr zur gewohnten Beschäftigung angestrebt. Das Kurzarbeitergeld gleicht das fehlende Entgelt teilweise aus. Regulär erhält ein kinderloser, von Kurzarbeit betroffener Arbeitnehmer 60 % des entgangenen Entgelts (Nettoentgeltdifferenz). 67 % sind es für Arbeitnehmer mit Kindern.[214]

Der Arbeitgeber zahlt während der Kurzarbeit reduzierte Sozialversicherungsbeiträge für die in Kurzarbeit befindlichen Mitarbeiter. Diese werden auf 80 % des normalen Arbeitsentgelts berechnet. Der Arbeitgeber trägt die Sozialversicherungsbeiträge alleine, inklusive des Zusatzbeitrages zur gesetzlichen Krankenversicherung.

Die **Versetzung** gehört zu den personellen Einzelmaßnahmen. Das Betriebsverfassungsgesetz definiert den Begriff in § 95 BetrVG wie folgt: Versetzung im Sinne dieses Gesetzes ist die Zuweisung eines anderen Arbeitsbereichs, die voraussichtlich die Dauer von einem

---

[214] Als Reaktion auf die COVID-19-Pandemie wurde das Kurzarbeitergeld befristet bis Ende 2020 erhöht. Ab dem vierten Monat werden 70 Prozent (77 Prozent mit Kinderfreibetrag) und ab dem siebten Monat 80 Prozent (87 Prozent mit Kinderfreibetrag) gezahlt.

Monat überschreitet oder die mit einer erheblichen Änderung der Umstände verbunden ist, unter denen die Arbeit zu leisten ist. Betrifft der Personalüberhang nur einen Teilbereich des Betriebs, zum Beispiel eine Abteilung, kann durch die Versetzung von Mitarbeitern in andere Abteilungen der Personalüberhang ohne Entlassungen sanft abgebaut werden. Bei Versetzungen hat der Betriebsrat in Unternehmen mit mehr als 20 Arbeitnehmern ein Informations- und Mitbestimmungsrecht (§ 99 BetrVG).

9.3.3 Nutzung von Fluktuation und Einstellungsstopp

Der Begriff der Fluktuation wurde im Kapitel zur Personalplanung bereits näher eingeführt: Mit **Fluktuation** bezeichnet man sowohl die arbeitnehmerseitige Kündigung (arbeitnehmerbedingte Fluktuation) als auch etwas allgemeiner das Ausscheiden aus der Belegschaft, ohne dass es zu einer Kündigung kam (natürliche Fluktuation).[215] Fälle der natürlichen Fluktuation sind z. B. der Eintritt in die Rente (Privatwirtschaft), die Pensionierung (Öffentlicher Dienst), Tod oder Invalidität.

Da Unternehmen durch Fluktuation jedes Jahr einen gewissen Prozentsatz an Mitarbeitern (**Fluktuationsquote**) verlieren, kann mittelfristig bis langfristig der Personalbestand verringert werden, ohne Entlassungen aussprechen zu müssen.

> Im Rahmen eines Studienprojektes wurden die von im DAX gelisteten Konzernen und Unternehmen für das Jahr 2018 veröffentlichten freiwilligen Fluktuationsquoten erhoben. Beispielhaft gaben die Unternehmen folgende Werte für ihre arbeitnehmerbedingte Fluktuation an:[216]
>
> | Bayer | 5,4 % |
> |---|---|
> | Deutsche Post | 9,2 % |
> | E.ON | 4,8 % |
> | Siemens | 4,5 % |
>
> **Tabelle 17:** Beispiele für freiwillige Fluktuationsquoten 2018

---

[215] Vgl. Sabathil, Zur Fluktuation von Arbeitskräften, 1976, S. 9 sowie Michalk/Nieder, Modernes Personalmanagement, 2009, S. 355.
[216] Vgl. Graspointner, Analyse der Relevanz von Mitarbeiterfluktuation, 2019, S. 28.

9.3 Alternativen zur Personalfreisetzung

Besonders wirksam ist die Nutzung der Fluktuation zur Personalanpassung, wenn sie mit einem generellen Einstellungsstopp kombiniert wird.

Bei Verhängung eines **Einstellungsstopps** werden frei gewordene Stellen nicht neu besetzt. Sie bleiben vakant. Dies verhindert einen Wiederanstieg des z. B. durch Fluktuation verminderten Personalbestands und sichert so bei der Reduktion des Personalüberhangs erreichte Erfolge. Man unterscheidet:

- **Genereller Einstellungsstopp**: Es werden weder Neu- noch Ersatzeinstellungen vorgenommen. Langfristig müssen die Effekte auf die Altersstruktur der Belegschaft bedacht werden (Überalterung).
- **Relativer und qualifizierter Einstellungsstopp**: Ersatzeinstellungen sind zumindest in bestimmten Berufsgruppen oder Unternehmensteilen weiterhin möglich. Die Wirkung auf den Personalbestand ist geringer als beim generellen Einstellungsstopp.
- **Befristeter** bzw. **unbefristeter Einstellungsstopp**: Hierbei wird der generelle oder qualifizierte Einstellungsstopp bereits bei seiner Verkündung auf eine bestimmte Zeitspanne (z. B. bis zum Ablauf des Geschäftsjahres) befristet oder als zeitlich andauernd deklariert. Bei einer Befristung kann unter Zuhilfenahme der letzten Fluktuationsquote und des aktuellen Personalbestands sofort berechnet werden, wie hoch in etwa die Reduktion des Personalüberhangs ausfallen wird.

9.3.4 Einvernehmliche Personalreduktion

Eine **einvernehmliche Personalreduktion** liegt vor, wenn der Arbeitsvertrag mit Einverständnis der beteiligten Vertragsparteien aufgelöst wird. Sind sich Arbeitgeber und Arbeitnehmer einig, das Arbeitsverhältnis beiderseitig nicht fortsetzen zu wollen, kann es ohne Beachtung von Kündigungsfristen beendet werden.

> Eine Situation, in der eine einvernehmliche Personalreduktion relevant sein kann, ist gegeben, wenn der Arbeitgeber einen Personalüberhang möglichst schnell abbauen möchte und ein betroffener Arbeitnehmer bereits eine neue Stelle „ab sofort" in einem anderen Unternehmen zugesagt bekommen hat: Ein Agieren ohne Bindung an eine Kündigungsfrist kommt beiden Seiten entgegen.

Der gemeinsame Wille zur Auflösung des Arbeitsverhältnisses wird durch einen sog. **Aufhebungsvertrag** dokumentiert. Ein Aufhebungsvertrag ist jederzeit möglich und kann sofort gelten. Der Vertrag bedarf zur Wirksamkeit der Schriftform (§ 623 BGB).

Die einvernehmliche Personalreduktion ist eine gute Alternative zur „harten Personalfreisetzung" durch Entlassung, da die Freiwilligkeit der Einigung im Vordergrund steht. Folgende Vorteile werden in dieser Maßnahme gesehen:

Vorteile für das Unternehmen	Vorteile für die betroffenen Arbeitnehmer
• Kündigungsfristen müssen nicht beachtet werden. • Keine Beteiligungsrechte der Arbeitnehmervertretung (Betriebsrat). • Keine Klage gegen eine Kündigung möglich, da das Arbeitsverhältnis durch Vertrag aufgehoben wurde. • Aufhebungsvertrag kann auch mit besonders geschützten Arbeitnehmern (Betriebsratsmitglieder, Schwangere, Jugend- und Auszubildendenvertreter etc.) geschlossen werden. • Arbeitsverhältnis wird „im Guten" durch beide Seiten beendet, damit bleibt positives Image als Arbeitgeber erhalten.	• Das Arbeitsverhältnis kann früher beendet werden. Daher mehr Gestaltungsmöglichkeit für die eigene Zukunft. • Durch das Entgegenkommen entsteht Verhandlungsspielraum, z.B. über die Höhe einer Abfindung, Auszahlung von Urlaubsansprüchen, Form und Inhalt des Arbeitszeugnisses etc. • Die „Tür" zum alten Arbeitgeber bleibt ein kleines Stück weit offen.

Tabelle 18: Vorteile der einvernehmlichen Personalreduktion

Vom Arbeitnehmer sollte die Unterschrift unter einen Aufhebungsvertrag wohlüberlegt sein, da einige **nachteilige Rechtsfolgen** damit verbunden sind:

- Für den Aufhebungsvertrag existiert **keine Widerrufsklausel**, er kann üblicherweise nicht rückgängig gemacht werden.
- Eine spätere **Kündigungsschutzklage** des Arbeitnehmers **scheidet aus**.
- Regelmäßig wird der Aufhebungsvertrag als eine arbeitnehmerseitige Mitwirkung an der Kündigung gesehen. Als Folge entsteht nach §159 Abs.1 Nr.1 SGB III eine **Sperrzeit** für den Bezug von Arbeitslosengeld (sog. **Sperrzeit bei Arbeitsaufgabe**). Eine eventuell im Vertrag vereinbarte Abfindung muss zunächst aufgebraucht werden, bevor die Arbeitslosenversicherung einspringt.[217]

---

[217] Die Sperrzeit bei Arbeitsaufgabe ist ein häufiger Streitfall zwischen Betroffenen und der Agentur für Arbeit. Z.B. beziehen Gerichte die Wahrscheinlichkeit einer unausweichlichen Kündigung sowie die Höhe der Abfindung mit ein. Die Beratung durch einen Fachanwalt für Arbeitsrecht ist geboten.

Nachteile für das Unternehmen sind nicht bekannt.

9.4 Formen und Gründe der Personalfreisetzung durch Kündigung

Kann der Personalüberhang durch die sanften Alternativen zur Personalfreisetzung nicht in gewünschtem Umfang reduziert werden, kommt als „**Ultima Ratio**" die durch **einseitige Willenserklärung** des Arbeitgebers ausgesprochene **Kündigung** in Betracht. Wie oben bereits angesprochen, sind dabei zahlreiche arbeitsrechtliche Implikationen zu beachten.

Die folgenden Unterpunkte stellen die Formen der Kündigung differenziert dar und ergänzen die arbeitsrechtlichen Aspekte. Dabei wird hinsichtlich des Umfangs der Personalfreisetzung stets auf die Einzelkündigung abgestellt. Der Sonderfall Massenentlassung wird später beim Ablauf des Freisetzungsprozesses behandelt.

9.4.1 Formen nach der Fristigkeit

Man unterscheidet die ordentliche und die außerordentliche Kündigung, je nachdem, ob die Kündigung unter Einhaltung einer Frist ausgesprochen wird oder nicht.

9.4.1.1 Ordentliche Kündigung

Die ordentliche Kündigung ist der „Normalfall" unter den Kündigungen. Mit ihr erklärt eine der am Arbeitsvertrag beteiligten Parteien, dass sie das Beschäftigungsverhältnis zukünftig nicht weiterführen möchte. Juristisch bewirkt diese Willenserklärung, dass das Dauerschuldverhältnis aufgelöst wird. Dabei sind Fristen zu beachten.

Sofern im Tarifvertrag oder im individuellen Arbeitsvertrag keine abweichenden Fristen vereinbart sind, gelten die gesetzlichen Kündigungsfristen.

> Die **ordentliche Kündigung** ist eine Kündigung unter Einhaltung einer gesetzlichen, tarifvertraglich oder einzelvertraglich vereinbarten Kündigungsfrist.

§ 622 BGB bestimmt die Kündigungsfristen bei Arbeitsverhältnissen. Das Arbeitsverhältnis eines Arbeitnehmers kann außerhalb der Probezeit mit einer Frist von vier Wochen zum Fünfzehnten oder zum Ende eines Kalendermonats gekündigt werden, in der Probezeit sind es zwei Wochen.

> Die grundsätzliche Kündigungsfrist spricht von vier Wochen. Das sind 28 Tage und damit weniger als ein Monat. Damit kann eine ordentliche Kündigung, die bis zum 3. des Monats übermittelt wird, ihre Wirkung zum Monatsende entfalten.

Ist der Arbeitnehmer länger als zwei Jahre in dem Betrieb oder Unternehmen beschäftigt, verlängert sich die Kündigungsfrist:

Beschäftigung in Jahren	Kündigungsfrist zum Ende eines Kalendermonats
2	1 Monat
5	2 Monate
8	3 Monate
10	4 Monate
12	5 Monate
15	6 Monate
20	7 Monate

Tabelle 19: Kündigungsfristen nach § 622 BGB

Einzelvertraglich können die im Gesetz genannten Fristen nur bedingt gekürzt werden (z. B. für befristet angestellte Aushilfen). Die Vereinbarung längerer Kündigungsfristen ist hingegen möglich. Die Kündigungsfristen einer arbeitnehmerseitigen Kündigung dürfen nicht länger sein als die einer arbeitgeberseitigen Kündigung.

9.4.1.2 Außerordentliche Kündigung

Eine außerordentliche Kündigung kann von Arbeitnehmer und Arbeitgeber ausgesprochen werden. Sie beabsichtigt eine Beendigung des Arbeitsverhältnisses ohne Einhaltung der gesetzlichen, tarifvertraglichen oder individuell vereinbarten Kündigungsfristen. Voraussetzung für ein derartiges Abweichen von vertraglichen Regeln ist ein wichtiger Grund, der eine weitere Zusammenarbeit unmöglich macht. Meist werden außerordentliche Kündigungen „fristlos" ausgesprochen. Daneben sind außerordentliche Kündigungen mit einer Auslauffrist denkbar.

> Die **außerordentliche Kündigung** ist eine Kündigung aus wichtigem Grund, die ohne Einhaltung einer Frist oder mit einer sog. Auslauffrist ausgesprochen wird. Sie wird daher umgangssprachlich auch als „fristlose Kündigung" bezeichnet.

9.4 Formen und Gründe der Personalfreisetzung durch Kündigung

Ein wichtiger Grund ist gegeben, wenn Tatsachen vorliegen, die „dem Kündigenden unter Berücksichtigung aller Umstände des Einzelfalles und unter Abwägung der Interessen beider Vertragsteile die Fortsetzung des Dienstverhältnisses bis zum Ablauf der Kündigungsfrist oder bis zu der vereinbarten Beendigung des Dienstverhältnisses" als unzumutbar erscheinen lassen (§ 626 Abs. 1 BGB).

Beispielsweise werden als wichtige Gründe für eine außerordentliche Kündigung durch den Arbeitgeber angesehen:

- Straftaten gegen den Arbeitgeber, gegen Arbeitskollegen oder gegen Kunden (z. b. durch Diebstahl, Unterschlagung etc.)
- Störung der Ordnung und des Friedens im Betrieb (z. b. Sexuelle Belästigung, Mobbing, Hetze gegen Minderheiten etc.)
- Schwere Vergehen im Leistungsbereich (z. b. Aufruf zum wilden Streik, eigenmächtiger Urlaubsantritt, Androhung von „Erkrankung" etc.)
- Bekanntwerden strafbarer Handlungen, die eine weitere Zusammenarbeit unmöglich machen (z. B. Kassierer, der bereits wegen Raubüberfall verurteilt war)

Eine arbeitnehmerseitige außerordentliche Kündigung ist aus folgenden Gründen denkbar:

- Fortgesetzte Nichtzahlung des Arbeitsentgelts
- Anweisung von Arbeiten, die Leib und Leben des Arbeitnehmers gefährden
- Strafbares Verhalten des Arbeitgebers gegen den Arbeitnehmer (z. B. Körperverletzung, Beleidigung etc.)

! Auch Arbeitnehmer können aus wichtigem Grund außerordentlich und damit fristlos kündigen. Beispielsweise liegt ein solcher Grund vor, wenn der Arbeitgeber seine Fürsorgepflicht gegenüber dem Arbeitnehmer grob missachtet und gefährliche Arbeitsaufgaben ohne Schutzausrüstung anweist.

Die außerordentliche Kündigung ist immer das letzte Mittel, wenn andere Möglichkeiten, z. B. die Abmahnung oder eine fristgerechte Kündigung, nicht ausreichend oder angemessen sind. Daher fordert der Gesetzgeber auch eine gewisse Dringlichkeit: Eine fristlose Kündigung kann nur im Zeitraum von zwei Wochen nach Bekanntwerden der Tatsachen, die zur Kündigung führten, ausgesprochen werden (§ 626 Abs. 2 BGB).

Verhaltensbedingte außerordentliche Kündigungen werden in der Regel fristlos sein. Bei einer außerordentlichen Kündigung wegen Betriebsstilllegung kann eine Auslauffrist auf den Zeitpunkt der endgültigen Einstellung der Betriebstätigkeit formuliert werden.

9.4.2 Kündigungsgründe im KSchG

Der allgemeine Kündigungsschutz wird durch das **Kündigungsschutzgesetz (KSchG)** realisiert. Zwei **Voraussetzungen** müssen für die Anwendbarkeit des KSchG im individuellen Fall gegeben sein:

- Der Betrieb muss eine **Mindestgröße** aufweisen: Das Kündigungsschutzgesetz gilt gem. § 23 KSchG seit 1.1.2004 in Betrieben mit mehr als zehn Vollzeitbeschäftigten. Bis zum 31.12.2003 galt es auch schon in Betrieben mit mehr als fünf Vollzeitbeschäftigten. Auf Beschäftigungsverhältnisse aus dieser Zeit werden weiterhin die geringen Beschäftigtenzahlen angewendet.
- Der betroffene Mitarbeiter muss gem. § 1 KSchG **mindestens sechs Monate** ohne Unterbrechung im Betrieb beschäftigt gewesen sein (sog. **Karenzzeitregelung**).

Für die Ermittlung der Betriebsgröße im Sinne des § 23 KSchG gelten folgende Regeln: Als Arbeitnehmer wird voll gezählt, wer regelmäßig mehr als 30 Stunden in der Woche beschäftigt ist. Arbeitnehmer, die über 20, aber maximal 30 Stunden arbeiten, zählen als 0,75 Vollzeitstellen. Arbeitnehmer, die maximal 20 Stunden arbeiten, werden mit 0,5 Vollzeitstellen veranschlagt.

> In einem im Januar 2015 gegründeten Betrieb sind acht Vollzeitkräfte mit einer wöchentlichen Arbeitszeit von 37,5 Std. beschäftigt. Zudem arbeiten dort drei Teilzeitkräfte mit 15, 22 und 25 Wochenstunden. Gilt das Kündigungsschutzgesetz?
> Nein. Zu den acht Stellen werden rechnerisch 2 x 0,75 und 1 x 0,5 Stellen addiert.
> 8 + 0,75 + 0,75 + 0,5 = 10 Stellen. Das KSchG gilt erst ab „mehr als zehn" Beschäftigen (=10,25). Der Betrieb liegt unter dieser Grenze.

Sind die Geltungsvoraussetzung des § 23 KSchG und die Wartezeitenregelung des § 1 KSchG erfüllt, kann eine Kündigung nur wirksam erfolgen, wenn sie „sozial gerechtfertigt" ist.

„Sozial gerechtfertigt" ist die Kündigung, wenn der Kündigungsgrund

- in der Person des Arbeitnehmers,
- im Verhalten des Arbeitnehmers oder
- in dringenden betrieblichen Erfordernissen liegt.

9.4.2.1 Personenbedingte Kündigung

Die Gründe für die Kündigung liegen in der Person des Arbeitnehmers und manifestieren sich oftmals in einer dauerhaft verminderten Leistungsfähigkeit, z. B. aufgrund von einer lang anhaltenden

Krankheit, häufigen Kurzerkrankungen oder einer generell fehlenden Eignung für die Tätigkeit. Der Arbeitnehmer kann dann seine arbeitsvertraglich vereinbarten Leistungen regelmäßig oder dauerhaft nicht (mehr) erfüllen.

Eine sozial gerechtfertigte Kündigung aus personenbedingten Gründen setzt voraus, dass die Möglichkeit der Weiterbeschäftigung auf einer anderen Arbeitsstelle, für die der Mitarbeiter trotz seiner Krankheit geeignet wäre, nicht besteht.[218]

Sind Erkrankungen Auslöser für die Kündigung, so reicht es nicht aus, dass der Arbeitnehmer in seiner Leistungsfähigkeit aktuell beeinträchtigt ist. Vielmehr muss die fehlende Leistung des Arbeitnehmers eine unzumutbare Belastung für den Betrieb darstellen und eine negative Gesundheitsprognose vorliegen. Diese liegt vor, wenn vermutet wird, dass sich die Leistungsfähigkeit auch in (naher) Zukunft nicht wiederherstellen lässt.

9.4.2.2 Verhaltensbedingte Kündigung

Eine Kündigung aus verhaltensbedingten Gründen kommt in Betracht, wenn das Arbeitsverhältnis durch das (schuldhafte) Verhalten des Arbeitnehmers gestört wird. Solche Verhaltensweisen können unter anderem sein: Arbeitsverweigerung, häufiges Zuspätkommen, Vortäuschen der Arbeitsunfähigkeit, Spesenbetrug, Beleidigung, Verstöße gegen die Betriebsordnung, Unterschlagung, Missbrauch von Betriebsmitteln. Auch das mehrfache Auftreten „kleiner" Delikte kann zur verhaltensbedingten Kündigung führen.

Vor einer verhaltensbedingten Kündigung ist bei ordentlichen Kündigungen grundsätzlich eine **Abmahnung** erforderlich. Die Abmahnung hat mehrere Funktionen:
- **Hinweisfunktion:** Mit der Abmahnung wird das Vorliegen eines Verstoßes angezeigt.
- **Warnfunktion:** Der Arbeitnehmer wird auf die (möglichen) arbeitsrechtlichen Konsequenzen eines wiederholten Fehlverhaltens hingewiesen.
- **Dokumentationsfunktion:** Die Abmahnung dokumentiert die Pflichtverletzung des Arbeitnehmers. Daher sind Ort und Zeit des Verstoßes in der Abmahnung genau zu nennen und die Abmahnung wird als Beleg zur Personalakte genommen.

Für die Abmahnung gilt: Es kann nur verhaltensbedingt gekündigt werden, wenn für den speziellen Kündigungsgrund vorher eine Abmahnung erteilt wurde. Wurde ein Arbeitnehmer beispielsweise für Verspätungen abgemahnt, kann bei einer erneuten Verspätung

---
[218] Vgl. Scholz, Personalmanagement, 2013, S. 625.

gekündigt werden. Andere Vergehen (z. B. private Nutzung von Betriebsmitteln) müssen selbst erst abgemahnt werden.

9.4.2.3 Betriebsbedingte Kündigung

Ein Geschäftsrückgang (Auftrags- oder Absatzrückgang) oder eine Reorganisation des Geschäftsablaufes und die damit einhergehende Rationalisierung können den Personalüberhang auslösen. Beide Gründe stellen dringende betriebliche Erfordernisse dar, die zur betriebsbedingten Kündigung führen können.

Die Entscheidung zur Rationalisierung kann der Arbeitgeber uneingeschränkt treffen. Allerdings muss er gegebenenfalls in einem Arbeitsrechtsprozess darlegen, warum dadurch der betroffene Arbeitsplatz weggefallen ist und warum eine Weiterbeschäftigung des Arbeitnehmers an anderer Stelle im Betrieb nicht möglich war.

Kommt es zur betriebsbedingten Kündigung, wird eine Sozialauswahl nach §1 Abs. 3 KSchG vorausgesetzt. Das bedeutet, dass bei der Kündigung des Arbeitnehmers dessen Alter, Betriebszugehörigkeit, Unterhaltspflichten sowie vorliegende schwere Behinderungen zu berücksichtigen sind. Dadurch soll gewährleistet werden, dass die Personalfreisetzung den oder die Mitarbeiter trifft, die diese Maßnahme am ehesten verkraften können. Diese Eigenschaften muss der Arbeitgeber sowohl bei den betroffenen als auch bei vergleichbaren Kollegen innerhalb des Unternehmens überprüfen. Als vergleichbar gelten all diejenigen Personen, die dieselbe Tätigkeit bereits ausüben oder diese nach kurzer Einarbeitungszeit ausüben können.[219]

> **Punkteschema Sozialauswahl**
>
> Bei betriebsbedingten Kündigungen hat der Arbeitgeber eine Auswahl der freizusetzenden Arbeitnehmer zu treffen. §1 KSchG bestimmt dazu, dass eine Kündigung aus dringenden betrieblichen Erfordernissen nur dann sozial gerechtfertigt ist, wenn der Arbeitgeber bei der Auswahl des Arbeitnehmers die Dauer der Betriebszugehörigkeit, das Lebensalter, die Unterhaltspflichten und die Schwerbehinderung des Arbeitnehmers angemessen berücksichtigt.
>
> In der praktischen Personalarbeit werden daher Punkteschemata zwischen Arbeitgeber und Betriebsrat vereinbart. Damit soll eine Objektivierung der Sozialauswahl erreicht werden. Im Folgenden wird ein Punkteschema dargestellt, das auch bereits durch das Bundesarbeitsgericht in einem Arbeitsrechtsprozess beurteilt und für den Zweck angemessen befunden wurde (BAG-Urteil 18.01.1990, AZ: 2 AZR 357/89).

---

[219] Vgl. Eisele/Doyé, Praxisorientierte Personalwirtschaftslehre, 2010, S. 342.

9.4 Formen und Gründe der Personalfreisetzung durch Kündigung

Beurteilungskriterium	Punktezahl
Lebensalter, je Lebensjahr (für jedes Lebensjahr; max. 55 Punkte)	1 Punkt
Betriebszugehörigkeit, je Dienstjahr (bis 10 Dienstjahre)	1 Punkt
Betriebszugehörigkeit, je Dienstjahr (ab 11. Dienstjahr; bis 55. Lebensjahr; max. 70 Punkte)	2 Punkte
Unterhaltspflicht, je Kind	4 Punkte
Unterhaltspflicht für Ehepartner	8 Punkte

Tabelle 20: Punkteschema zur Sozialauswahl

Solche Punkteschemata werden nach Erstellung über eine Betriebsvereinbarung gem. §77 BetrVG verbindlich fixiert. Existiert in dem Unternehmen kein Betriebsrat, steht die Möglichkeit der Betriebsvereinbarung nicht zur Verfügung.

Der gekündigte Arbeitnehmer hat Anspruch auf eine Abfindung, §1a KSchG. Dazu müssen allerdings einige Voraussetzungen erfüllt sein: Der Arbeitgeber muss sich in seinem Kündigungsschreiben explizit auf „dringende betriebliche Erfordernisse" berufen und dem Arbeitnehmer die Abfindung für den Verzicht auf eine Kündigungsschutzklage in Aussicht stellen. Die Abfindung beträgt dann 0,5 Bruttomonatsverdienste für jedes Jahr des Bestehens des Arbeitsverhältnisses.

Die Regelung zur Abfindung sowie weitere Punkte (Resturlaub, Freistellung) können in einem Abwicklungsvertrag geregelt werden. Dieser ist vom Aufhebungsvertrag streng zu unterscheiden.

Werden mehrere betriebsbedingte Kündigungen zusammen innerhalb von 30 Tagen ausgesprochen, kann es sich um eine sog. „anzeigepflichtige Entlassung" (Massenentlassung) handeln. Diese wird weiter unten besprochen.

9.4.2.4 Vergleich und Prüfung bei sozial gerechtfertigter Kündigung

Eisele und Doyé haben die Prüfung bei personen-, verhaltens- und betriebsbedingter Kündigung systematisch zusammengefasst.[220]

---

[220] Vgl. Eisele/Doyé, Praxisorientierte Personalwirtschaftslehre, 2010, S. 337.

	Personenbedingte Kündigung	Verhaltensbedingte Kündigung	Betriebsbedingte Kündigung
Kündigungsgrund	Massive Beeinträchtigung der betrieblichen Interessen durch den Arbeitnehmer, nicht vorwerfbare Vertragsverletzung	Dem Arbeitnehmer vorwerfbare Vertragsverletzung	Unternehmerische Entscheidung, woraufhin ein vertragsgerechter Einsatz des Arbeitnehmers nicht mehr möglich ist.
Prognose	Es ist auch von zukünftigen Vertragsstörungen auszugehen.	Es besteht eine hohe Gefahr, dass sich das Verhalten wiederholt.	Es besteht dauerhaft bzw. auf nicht vorhersehbare Zeit keine Einsatzmöglichkeit.
„Ultima Ratio"	Versetzung auf einen Arbeitsplatz, bei dem Vertragsstörungen auszuschließen sind, ist nicht möglich (unter Berücksichtigung zumutbarer Umschulung/Weiterbildung)	Eine vorherige Abmahnung ist erfolgt, außer der Arbeitnehmer konnte nicht mit Hinnahme der Vertragsverletzung rechnen. Leistungskürzung oder Versetzung sind auszuschließen.	Abbau von Überstunden und Leiharbeitnehmern im betroffenen Bereich ist bereits erfolgt. Versetzung ist nicht möglich (unter Berücksichtigung zumutbarer Umschulung/Weiterbildung oder zu geänderten Bedingungen).
Interessenabwägung bzw. Sozialauswahl	Ursache und Ausmaß der Störung	Ursache und Ausmaß der Vertragsverletzung sowie deren Folgen (z. B. Betriebsablaufstörungen)	Sozialauswahl mit 1. Vergleichsgruppenbildung, 2. Herausnahme von Arbeitnehmern, deren Weiterbeschäftigung im berechtigten betrieblichen Interesse liegt, und 3. merkmalsgestützte Auswahl.
	Verlauf des Arbeitsverhältnisses		Schwerbehinderung
	Dienst-, Lebensalter und Unterhaltsverpflichtungen		

Tabelle 21: Prüfungsvoraussetzungen für personen-, verhaltens- und betriebsbedingte Kündigungen

9.4.3 Formvorschriften der Kündigung

Eine Kündigung hat schriftlich zu erfolgen (§ 623 BGB, die elektronische Form ist ausgeschlossen), sie muss den Kündigungswillen klar ausdrücken, nicht jedoch einen Kündigungsgrund nennen. Die Kündigung ist empfangsbedürftig, eine persönliche Übergabe des Kündigungsschreibens oder eine Zustellung per Boten ist daher üblich.

> Eine nur mündlich ausgesprochene Kündigung des Arbeitsverhältnisses ist unwirksam. Eine Kündigung bedarf zu ihrer Wirksamkeit der Schriftform (§ 623 BGB) und muss eigenhändig unterzeichnet sein (§ 126 Abs. 1 BGB).

Wenn die Kündigungsfrist nicht gewahrt ist, resultiert die Rechtsunwirksamkeit der Kündigung. Rechtlich wird aber gemäß § 140 BGB die Umdeutung in eine Kündigung zum nächstzulässigen Termin vorgenommen.

Vor der Kündigung muss in mitbestimmten Betrieben der Betriebsrat angehört werden. Dies gilt für die ordentliche und die außerordentliche Kündigung gleichermaßen. Das Verfahren und seine Fristen werden im folgenden Unterpunkt behandelt. Eine ohne Anhörung des Betriebsrats ausgesprochene Kündigung ist unwirksam.

9.5 Anhörung der Mitarbeitervertretung, § 102 BetrVG

Existiert ein Betriebsrat, so ist dieser **vor jeder Kündigung**, d.h. ordentlicher und außerordentlicher Kündigung, **anzuhören**. § 102 BetrVG, **Mitbestimmung bei Kündigungen**, regelt, dass eine **ohne Anhörung** des Betriebsrates ausgesprochene Kündigung **unwirksam** ist.

> **Anhörung des Betriebsrats in der Probezeit**
>
> Die Pflicht zur Anhörung vor Ausspruch der Kündigung gilt auch während der Probezeit, wenn noch kein Kündigungsschutz besteht.[221]

„Anhörung" bedeutet, dass der Betriebsrat die Gelegenheit hat, eine Stellungnahme zur geplanten Kündigung gegenüber dem Arbeitgeber abzugeben. Dazu benötigt er zunächst alle relevanten Informationen zur Kündigungsart, zum Kündigungsgrund und zu einer eventuell durchgeführten Sozialauswahl.

---

[221] Vgl. Maiß/von Ameln, Probezeit professionell gestalten, 2015, S. 163.

Die Stellungnahme erfolgt nach interner Beratung des Betriebsrates. Dafür werden diesem vom Gesetzgeber folgende Fristen eingeräumt:
- Der Betriebsrat hat eine Woche Zeit für die Stellungnahme bei einer ordentlichen (fristgerechten) Kündigung.
- Bei einer außerordentlichen Kündigung hat der Betriebsrat drei Tage Zeit für eine Stellungnahme.

In seiner Stellungnahme kann der Betriebsrat einer geplanten Kündigung
- zustimmen,
- Bedenken äußern oder ihr
- widersprechen.

Gibt der Betriebsrat innerhalb der genannten Fristen **keine Stellungnahme** ab, so gilt dies als **stillschweigende Zustimmung** zur geplanten Kündigung.

Wie auch immer der Betriebsrat Stellung nimmt: Der Arbeitgeber kann nach ordnungsgemäßer Anhörung des Betriebsrates die Kündigung zunächst aussprechen. Hat der Betriebsrat allerdings der Kündigung widersprochen, erhält der Arbeitnehmer mit dem Kündigungsschreiben eine Abschrift der Stellungnahme. Damit kann er innerhalb von drei Wochen ab Erhalt der Kündigung eine Kündigungsschutzklage anstrengen, in der die Unrechtmäßigkeit der Kündigung verhandelt wird. Bis zum Ende des Verfahrens hat der Arbeitnehmer einen Anspruch auf Weiterbeschäftigung.

9.6 Betriebsänderung

Betriebsbedingte Kündigungen sind oftmals durch eine Betriebsänderung im Sinne des § 111 BetrVG veranlasst. Dies ist zum Beispiel der Fall, wenn eine Einschränkung oder Stilllegung des Gesamtbetriebs oder wesentlicher Betriebsteile zu den anzeigepflichtigen Entlassungen führen. Dies löst weitere Rechtsfolgen aus:

- Zunächst ist der Betriebsrat von der geplanten Betriebsänderung zu unterrichten und diese ist mit ihm gemeinsam zu beraten (§ 111 BetrVG).
- In einem sog. Interessenausgleich (§ 112 BetrVG) verhandeln Arbeitgeber und Betriebsrat darüber, „ob", „wie" und „wann" die Betriebsänderung durchgeführt werden soll. Keine der beiden Seiten kann eine Einigung erzwingen.
- Ein Sozialplan soll die wirtschaftlichen Nachteile der von der Betriebsänderung betroffenen Mitarbeiter mildern. Das Recht zur Aufstellung eines Sozialplanes ist erzwingbar (§ 112 BetrVG). Ausnahmen davon siehe unten.

- Versucht der Arbeitgeber den Interessenausgleich nicht oder weicht er ohne zwingenden Grund von einer gefundenen Vereinbarung ab, führt dies zu negativen Auswirkungen auf weitere Mitarbeiter. Diese haben die Möglichkeit, nach § 113 BetrVG auf einen individuellen Nachteilsausgleich (z. B. Abfindungen) zu klagen.

Besteht die Betriebsänderung aus einem reinen Personalabbau, ist ein erzwingbarer Sozialplan ausgeschlossen, wenn die Entlassungen unter bestimmten Grenzen bleiben oder das Unternehmen innerhalb der letzten vier Jahre gegründet wurde.

9.7 Anzeigepflichtige Massenentlassung

Das Kündigungsschutzgesetz definiert in § 17 KSchG die sog. anzeigepflichtige Entlassung, oft auch als Massenentlassung bezeichnet. Von einer Massenentlassung spricht man, wenn in Betrieben mit mehr als 20 Arbeitnehmern innerhalb von 30 Tagen eine bestimmte Anzahl von Arbeitnehmern ordentlich gekündigt wird. Das Gesetz nennt folgende Größenordnungen:

Betriebsgröße	Anzahl der Entlassungen innerhalb von 30 Kalendertagen
mehr als 20 und weniger als 60	mehr als 5
mindestens 60 und weniger als 500	10 % oder aber mehr als 25
mindestens 500	mindestens 30

Tabelle 22: Schwellenwerte für anzeigenpflichtige Massenentlassungen

Beabsichtigt der Arbeitgeber, anzeigepflichtige Entlassungen vorzunehmen, hat er den Betriebsrat rechtzeitig zu informieren und ihn schriftlich insbesondere zu unterrichten über

1. die Gründe für die geplanten Entlassungen,
2. die Zahl und die Berufsgruppen der zu entlassenden Arbeitnehmer,
3. die Zahl und die Berufsgruppen der in der Regel beschäftigten Arbeitnehmer,
4. den Zeitraum, in dem die Entlassungen vorgenommen werden sollen,
5. die vorgesehenen Kriterien für die Auswahl der zu entlassenden Arbeitnehmer,
6. die für die Berechnung etwaiger Abfindungen vorgesehenen Kriterien.

Arbeitgeber und Betriebsrat haben insbesondere die Möglichkeiten, zu beraten, Entlassungen zu vermeiden oder einzuschränken und ihre Folgen zu mildern. Im Ergebnis sollte der Betriebsrat eine Stellungnahme zu den geplanten Entlassungen abgeben. Eine ausbleibende Stellungnahme hat keine Wirkung, sofern nachgewiesen werden kann, dass der Betriebsrat ordnungsgemäß informiert wurde.

Der Arbeitgeber muss geplante Massenentlassungen einen Monat im Voraus bei der Agentur für Arbeit wirksam anzeigen, bevor die Kündigungen rechtswirksam ausgesprochen werden können. Die Anzeige ist für ihre Wirksamkeit schriftlich zu erstatten. Sie enthält unter anderem Informationen zu Zahl und Berufsgruppen der zu entlassenden Arbeitnehmer, Zahl und Berufsgruppen der in der Regel beschäftigten Arbeitnehmer, den Gründen für die geplanten Entlassungen und dem Zeitraum, in dem die Entlassungen vorgenommen werden sollen. Die Stellungnahme des Betriebsrates ist beizufügen (§ 17 Abs. 3 KSchG).

Ist die Sperrfrist von einem Monat abgelaufen, werden die Kündigungen rechtswirksam. Insbesondere sollen die Agenturen für Arbeit sich in dieser Zeit auf zu erwartende Entlassungen größeren Umfangs einstellen und mit dem Betrieb und den Betroffenen Maßnahmen ergreifen können, um die Arbeitslosigkeit und ihre Auswirkungen möglichst zu verhindern bzw. zu verringern.

9.8 Outplacement: Unterstützung betroffener Mitarbeiter

Entlassungen wirken negativ auf das Arbeitgeberimage. Daher streben Unternehmen nach Möglichkeit eine „einvernehmliche Trennung" an.[222] Bei betriebsbedingten oder krankheitsbedingten Kündigungen ist dies – anders als bei verhaltensbedingten Kündigungen – durchaus machbar. Wird diese gütliche Trennung angestrebt, ist dies der letzte Schritt im Prozess der Personalfreisetzung.

Beim sog. **Outplacement** unterstützt das entlassende Unternehmen den betroffenen Mitarbeiter durch eine professionelle Beratung zur beruflichen Neuorientierung und Optimierung des Bewerbungsvorgangs. Dazu wird üblicherweise eine externe Outplacement-Beratung beauftragt. Die Kosten übernimmt der ehemalige Arbeitgeber.

Je nach Anzahl der Teilnehmer unterscheidet man:[223]

- **Einzel-Outplacement**: Es handelt sich dabei um eine individuelle Beratung für eine Person. Das Einzel-Outplacement wird wegen

---

[222] Vgl. Mühlenhoff, Trennung, 2019, S. 48.
[223] Vgl. Kock, Trennung ohne Folgen, 2015, S. 233.

9.8 Outplacement: Unterstützung betroffener Mitarbeiter

der Kosten normalerweise nur mittleren und oberen Führungskräften angeboten.
- **Gruppen-Outplacement**: Mehrere Teilnehmer werden als Gruppe von der Outplacement-Beratung betreut. Das Gruppen-Outplacement wird z.B. bei betriebsbedingten Kündigungen für die betroffenen Mitarbeiter angeboten. Es kann auch Teil des Sozialplans sein.

Auch wenn die Beratung üblicherweise **extern** durchgeführt wird, gibt es auch hier Gestaltungsmöglichkeiten. Denkbar ist zum Beispiel eine **interne Beauftragung** der Personalentwicklung, ein Outplacement-Programm zu entwickeln und intern bereitzustellen. Da die Konzeption einer solchen Beratungsleistung mit hohen Kosten einhergeht, ist die interne Outplacement-Beratung nur bei erwarteten hohen Fallzahlen (Gruppen-Outplacement) wirtschaftlich darstellbar.

Eine Outplacement-Beratung deckt verschiedene Aufgaben ab und wird nach diesen in verschiedene **Phasen** eingeteilt:

Abbildung 27: Phasen der Outplacement-Beratung[224]

In **Phase 1** lernen sich die Beteiligten kennen und bauen eine Vertrauensbeziehung für die weitere Zusammenarbeit auf. Aufgabe des Outplacement-Beraters ist, den gekündigten Mitarbeiter emotional zu unterstützen: Der Verlust des Arbeitsplatzes führt u.U. zu Selbstzweifeln und Zukunftsängsten. Die **Stabilisierung der emotionalen Verfassung** des Betreuten ist das Ziel dieser Phase.

---

[224] In Anlehnung an Ridder, Personalwirtschaft, 2009, S.124.

In der folgenden **Phase 2** wird mit der **Analyse der Qualifikationen und Potenziale** des Gekündigten eine Bestandsaufnahme der bekannten, aber auch der unbewussten Fähigkeiten durchgeführt. Die Bewusstmachung der Stärken schafft neues Selbstbewusstsein für die folgende Stellensuche.

Phase 3 dient der **Ausarbeitung einer Bewerbungsstrategie** sowie der **Planung der Stellensuche**. Dazu gehört auch, die Bewerbungsunterlagen zu optimieren und die in der zweiten Phase entdeckten Stärken positiv herauszustellen. Outplacement-Berater helfen bei der Priorisierung von Bewerbungsmöglichkeiten und legen einen Zeitplan für die Stellensuche fest.

Während der laufenden Bewerbungen unterstützt die Outplacement-Beratung weiter die **Stellensuche**. In dieser **Phase 4** werden z. B. Vorstellungsgespräche trainiert und ggf. Erfahrungen aus erfolglosen Bewerbungssituationen analysiert. Die Beratung endet, wenn der Mitarbeiter den Vertrag für eine neue Stelle unterschreibt oder sonst – je nach Vertragsgestaltung – mit Ablauf eines festgelegten Zeitraums.

Die als Outplacement begleitete Trennung von Unternehmen und Arbeitnehmer hat Vorteile für beide Seiten.[225] Die folgende Tabelle zeigt die Vorteile auf und verdeutlicht, warum hier von einer Win-Win-Situation gesprochen werden kann:

Vorteile für die Unternehmen	Vorteile für die betroffenen Arbeitnehmer
• Langwierige und kostenintensive Trennungsverhandlungen und Rechtsstreitigkeiten werden vermieden. • Sichtbare Demonstration sozialer Verantwortung. • Unterstützung der Führungskräfte bei einer schwierigen Personalangelegenheit. • Planungssicherheit durch kalkulierbare Trennungskosten. • Allgemeiner Akzeptanzgewinn für erforderlichen Stellenabbau.	• Emotionale Begleitung in der Trennungsphase, ggf. Verhinderung von Trennungstraumata. • Konkrete Hilfe bei der beruflichen Neuausrichtung. • Umfassende Karriere- und Lebensberatung. • Optimierung der Bewerbungsunterlagen und des Bewerberprofils. • Bewerbungssituationen werden durch Training und Rollenspiele vorweggenommen.

Tabelle 23: Vorteile von Outplacement für Unternehmen und Arbeitnehmer

---

[225] Vgl. Löwe/Tscharke, Outplacement, 2015, S. 592 sowie Ridder, Personalwirtschaft, 2009, S. 126 f.

9.9 Kontrollfragen

Nachdem Sie das Kapitel bearbeitet haben, sollten Sie folgende Aufgaben beantworten können:

K 9-01 Grenzen Sie die ordentliche und außerordentliche Kündigung gegeneinander ab. Welche Folgen hat das Vorliegen der jeweiligen Form für den Kündigungsprozess?

K 9-02 Erläutern Sie ausführlich, welche Rolle die Anhörung des Betriebsrates bei einer Kündigung hat und welche Fristen dafür gesetzlich vorgegeben sind.

K 9-03 In einem im Jahr 2019 gegründeten Betrieb sind sieben Vollzeitkräfte mit einer wöchentlichen Arbeitszeit von 37,5 Std. beschäftigt. Zudem arbeiten dort fünf Teilzeitkräfte mit 15, 22, 23, 25 und 27 Wochenstunden. Gilt das Kündigungsschutzgesetz und welche Folgen hat Ihre Feststellung für eventuelle Kündigungen?

K 9-04 Erläutern Sie den Begriff Outplacement und stellen Sie dar, in welchen Phasen Outplacement stattfindet.

Literatur- und Quellenverzeichnis

Printquellen

Abt, Clark (Ernste Spiele, 1971): Ernste Spiele – Lernen durch gespielte Wirklichkeit, Köln, 1971.

Achouri, Cyrus (Recruiting und Placement, 2007): Recruiting und Placement – Methoden und Instrumente der Personalauswahl und -platzierung, Gabler, Wiesbaden, 2007.

Alderfer, Clayton (An Empirical Test of a New Theory of Human Needs, 1969): An Empirical Test of a New Theory of Human Needs, in: Organizational Behavior and Human Performance, Vol. 4, 1969, S. 142–175.

Alderfer, Clayton (Existence, Relatedness and Growth, 1972): Existence, Relatedness and Growth – Human Needs in Organizational Settings, New York, 1972.

Armstrong, Michael (Handbook of HRM Practice, 2017): Armstrong's Handbook of Human Resource practice, 14. Aufl., London, New York, 2017.

Bächle, Matthias (Humankapital: Wie wird gemessen und interpretiert, 2010): Humankapital: Wie wird gemessen und interpretiert, in: Scholz, Christian/Stein, Volker (Hrsg.): Dynamisches Human-Capital- und Kompetenz-Controlling im innovativen Mittelstand, München, 2010, S. 29–84.

Bass, Bernard (Stogdill's Handbook of Leadership, 1981): Stogdill's Handbook of Leadership – A Survey of Theory and Research, New York, 1981.

Bauer, Talya/Erdogan, Berrin/Caughlin, David Ellis/Truxillo, Donald M. (Fundamentals of human resource management, 2020): Fundamentals of human resource management – People, data, and analytics, SAGE Publishing, Thousand Oaks, California, 2020.

Baumgartner, Peter/Payr, Sabine (Erfinden lernen, 1997): Erfinden lernen, in: Müller, Karl/Stadler, Friedrich (Hrsg.): Konstruktivismus und Kognitionswissenschaft, Wien, 1997, S. 89–106.

Bauhoff, Frauke/Schneider, Martin (Stellenanzeigen und die expressive Funktion des AGG, 2013): Stellenanzeigen und die expressive Funktion des AGG, in: Industrielle Beziehungen, Heft 1, 20. Jg., 2013, S. 54–76.

Becker, Florian (Mitarbeiter wirksam motivieren, 2019): Mitarbeiter wirksam motivieren – Mitarbeitermotivation mit der Macht der Psychologie, Berlin, Heidelberg, 2019.

Becker, Jochen (Marketing-Konzeption, 2019): Marketing-Konzeption, Grundlagen des ziel-strategischen und operativen Marketing-Managements, 11. Aufl., Verlag Franz Vahlen, München, 2019.

Becker, Manfred (Personalentwicklung, 2009): Personalentwicklung – Bildung, Förderung und Organisationsentwicklung in Theorie und Praxis, 5., akt. und erw. Aufl., Stuttgart, 2009.

Becker, Manfred/Schwertner, Anke (Gestaltung der Personal- und Führungskräfteentwicklung, 2002): Gestaltung der Personal- und Führungskräfteentwicklung – Empirische Erhebung, State of the Art und Entwicklungstendenzen, München, 2002.

Berger, Doris (Wissenschaftliches Arbeiten in den Wirtschafts- und Sozialwissenschaften, 2010): Wissenschaftliches Arbeiten in den Wirtschafts- und Sozialwissenschaften – Hilfreiche Tipps und praktische Beispiele, Wiesbaden, 2010.

Berthel, Jürgen/Becker, Fred G. (Personalmanagement, 2010): Personal-Management – Grundzüge für Konzeptionen betrieblicher Personalarbeit, 9., vollst. überarb. Aufl. Stuttgart, 2010.

Berthel, Jürgen/Herzhoff, Sabine/Schmitz, Gereon (Strategische Unternehmensführung und F&E-Management, 1990): Strategische Unternehmensführung und F&E-Management – Qualifikationen für Führungskräfte, Berlin, Heidelberg, 1990.

Blake, Robert/Mouton, Jane (Verhaltenspsychologie im Betrieb, 1968): Verhaltenspsychologie im Betrieb, Düsseldorf, Wien, 1968.

Bontrup, Heinz-Josef (Sicherheit und Kontinuität durch Bedarfsplanung, 2001): Mehr Sicherheit und Kontinuität durch Bedarfsplanung, in: Arbeit und Arbeitsrecht (AuA), Heft 1, 2001, S. 17–21.

Bradt, George/Vonnegut, Mary (Onboarding, 2009): Onboarding – How to Get Your New Employees Up to Speed in Half the TimeWiley, Hoboken, 2009.

Brenner, Doris (Onboarding, 2014): Onboarding, Springer Fachmedien, Wiesbaden, 2014.

Bröckermann, Reiner (Personalwirtschaft, 2007): Personalwirtschaft, 4., überarb. und erw. Aufl., Schäffer-Poeschel Verlag, Stuttgart, 2007.

Bühner, Rolf (Management-Holding, 1993): Management-Holding, Erfahrungen aus 46 untersuchten Unternehmen, in:

Bühner, R. (Hrsg.): Erfahrungen mit der Management-Holding, Landsberg/Lech, 1993, S. 9–66.

Bühner, Rolf (Organisationslehre, 2004): Betriebswirtschaftliche Organisationslehre, 10., bearb. Auflage, München, 2004.

Bühner, Rolf (Personalmanagement, 2005): Personalmanagement, 3., durchges. Auflage, München, 2005.

Bühner, Rolf (Strategie und Organisation, 1993): Strategie und Organisation – Analyse und Planung der Unternehmensdiversifikation mit Fallbeispielen, 2., überarb. und erw. Auflage, Wiesbaden, 1993.

Bürg, Oliver/Mandl, Heinz (Akzeptanz von E-Learning im Unternehmen, 2004): Akzeptanz von E-Learning im Unternehmen, in: Forschungsberichte Institut für Pädagogische Psychologie, Vol. 167, 2004, S. 3–17.

Claßen, Martin/Kern, Dieter (HR Business Partner, 2010): HR Business Partner – Die Spielmacher des Personalmanagements, Luchterhand, Köln, 2010.

Conger, Jay/Kanungo, Rabindra (Charismatic Leadership in Organizations, 1998): Charismatic Leadership in Organizations, Thousand Oaks (Kalifornien), 1998.

Conradi, Walter (Personalentwicklung, 1983): Personalentwicklung, Stuttgart, 1983.

Dahlgaard, Knut/Kleipoedszus, Andrea (Kompensation von kurzfristigen Personalausfällen, 2014): Kompensation von kurzfristigen Personalausfällen im Pflegebereich (I), in: Das Krankenhaus, Heft 4, 2014, S. 317–324.

Davila, Norma/Pina-Ramirez, Wanda (Effective Onboarding, 2018): Effective Onboarding, Association for Talent Development, East Peoria, 2018.

Deitering, Franz (Selbstgesteuertes Lernen, 1995): Selbstgesteuertes Lernen, Göttingen, 1995.

DGFP e.V. (Hrsg.) (Erfolgsorientiertes Personalmarketing, 2006): Erfolgsorientiertes Personalmarketing in der Praxis – Konzept, Instrumente, Praxisbeispiele, Bielefeld, 2006.

Dörr, Stefan/Schmidt-Huber, Marion/Winkler, Brigitte/Klebl, Ulfried (Führung, 2013): Führung, in: Landes, Miriam/Steiner, Eberhard (Hrsg.): Psychologie der Wirtschaft, Wiesbaden, 2013, S. 247–278.

Drumm, Hans Jürgen (Personalwirtschaft, 2008): Personalwirtschaft, 6., überarb. Aufl., Berlin, Heidelberg, 2008.

Ehlers, Ulf-Daniel/Schenkel, Peter (Bildungscontrolling im E-Learning, 2005): Bildungscontrolling im E-Learning – Eine Einführung, in: Ehlers, Ulf-Daniel/Schenkel, Peter (Hrsg.): Bildungscontrolling im E-Learning, Berlin, Heidelberg, 2005, S. 1–13.

Eisele, Daniela/Doyé, Thomas (Praxisorientierte Personalwirtschaftslehre, 2010): Praxisorientierte Personalwirtschaftslehre – Wertschöpfungskette Personal, 7., vollständig überarb. Auflage, Verlag W. Kohlhammer, Stuttgart, 2010.

Engelhardt, Sabine (Neue Mitarbeiter erfolgreich einarbeiten, 2006): Neue Mitarbeiter erfolgreich einarbeiten, Verlag W. Kohlhammer, Stuttgart, 2006.

Erhart, Maria (Selbstgesteuertes Lernen im Biologieunterricht, 2005): Selbstgesteuertes Lernen im Biologieunterricht, Herdecke, 2005.

Erpenbeck, John (Zwischen exakter Nullaussage und vieldeutiger Beliebigkeit, 2011): Zwischen exakter Nullaussage und vieldeutiger Beliebigkeit – Hybride Kompetenzerfassung als künftiger Königsweg, in: Erpenbeck, John (Hrsg.): Der Königsweg zur Kompetenz, Münster, New York, München, Berlin, 2011, S. 7–42.

Erpenbeck, John/Rosenstiel von, Lutz (Einführung, 2007): Einführung, in: Erpenbeck, John/Rosenstiel von, Lutz (Hrsg.): Handbuch Kompetenzmessung, 2., überarb. und erw. Aufl., Stuttgart, 2007, S. XVII–XXXI.

Erpenbeck, John/Sauter, Werner (So werden wir lernen!, 2013): So werden wir lernen! – Kompetenzentwicklung in einer Welt fühlender Computer, kluger Wolken und sinnsuchender Netze, Berlin, Heidelberg, 2013.

Fiedler, Fred (A Theory of Leadership Effectiveness, 1967): A Theory of Leadership Effectiveness, New York, 1967.

Fischer, Raoul (Streit um Google, 2019): Streit um Google – Google4Jobs polarisiert, in: WuV, Heft Nr. 12, Dezember 2019, S. 72–75.

Fleischmann, Albert/Oppl, Stefan/Schmidt, Werner/Stary, Christian (Ganzheitliche Digitalisierung von Prozessen, 2018): Ganzheitliche Digitalisierung von Prozessen – Perspektivenwechsel, Design Thinking, Wertegeleitete Interaktion, Wiesbaden, 2018.

Fvw (Hrsg.) (Employer Branding, 2014): Employer Branding – Preise für Bahn und Lufthansa, in: fvw, Nr. 12 vom 06.06.2014, S. 81.

Gnahs, Dieter (Kompetenzen, 2010): Kompetenzen – Erwerb, Erfassung, Instrumente, 2., akt. und überarb. Aufl., Bielefeld, 2010.

Gutenberg, Erich (Die Produktion, 1971): Grundlagen der Betriebswirtschaftslehre: Die Produktion, 24. Aufl., Berlin, Heidelberg 1971.

Heckhausen, Heinz (Achievement motivation and its constructs: A cognitive model, 1977): Achievement motivation and its constructs: A cognitive model, in: Motivation and Emotion, Vol. 1, 1977, S. 283–329.

Hentze, Joachim (Personalwirtschaftslehre 1, 2001): Personalwirtschaftslehre 1, 6. Aufl., Bern, Stuttgart, 2001.

Herzberg, Frederick (One more time: How do you motivate employees?, 1968): One more time: How do you motivate employees?, in: Harvard Business Review, Vol. 46, 1968, S. 53–62.

Heymann, Helmut/Müller, Karl (Betriebliche Personalentwicklung, 1982): Betriebliche Personalentwicklung, in: Wirtschaftswissenschaftliches Studium, Vol. 11, S. 151–156.

Heyse, Volker (Verfahren zur Kompetenzermittlung und Kompetenzentwicklung, 2010): Verfahren zur Kompetenzermittlung und Kompetenzentwicklung, in: Heyse, Volker/Erpenbeck, John/Ortmann, Stefan (Hrsg.): Grundstrukturen menschlicher Kompetenzen, Münster, New York, München, Berlin, 2010, S. 55–174.

Hillemeyer, Judith (Arbeitszeit, 2006): Mit Arbeitszeit wirtschaftlich umgehen, in: Lebensmittel-Zeitung, Nr. 45 vom 10.11.2006, S. 47.

Holtbrügge, Dirk (Personalmanagement, 2010): Personalmanagement, 4., überarb. und erw. Aufl., Berlin, Heidelberg, 2010.

Holzinger, Andreas (Basiswissen Multimedia, 2000): Basiswissen Multimedia – Band 2: Lernen, Würzburg, 2000.

Humm, Felix (Die Ermittlung von Ausbildungsbedürfnissen für Führungskräfte als Grundlage von Schulungsmaßnahmen, 1978): Die Ermittlung von Ausbildungsbedürfnissen für Führungskräfte als Grundlage von Schulungsmaßnahmen, Diessenhofen, 1978.

Hromadka, Wolfgang/Maschmann, Frank (Arbeitsrecht Band 1, 1998): Arbeitsrecht Band 1, Springer, Berlin, Heidelberg, New York, 1998.

Jäger, Elke (Personaleinsatzplanung, 2009): in: Redaktion AuA (Hrsg.): Personalplanung, Neue Herausforderungen für das Human Resource Management, Huss-Medien, Berlin, 2009, S. 91–95.

Jung, Hans (Personalwirtschaft): Personalwirtschaft, 9., aktualisierte Auflage, Oldenbourg Verlag, München, 2011.

Jütten, Stefanie/Strauch, Anne/Mania, Ewelina (Kompetenzerfassung in der Weiterbildung, 2009): Kompetenzerfassung in der Weiterbildung – Instrumente und Methoden situativ anwenden, Bielefeld, 2009.

Kanning, Uwe Peter (Diagnose: verbesserungsfähig, 2015): Diagnose: verbesserungsfähig, in: personalmagazin, Heft 11, 2015, S. 40–43.

Kanning, Uwe Peter (Diagnostik für Führungspositionen, 2018): Diagnostik für Führungspositionen, Hogrefe, Göttingen, 2018.

Kanning, Uwe Peter (Sichtung von Bewerbungsunterlagen, 2015): Welche Aussagekraft besitzen biographische Daten bei der Sichtung von Bewerbungsunterlagen? – Ein Überblick über aktuelle Studien, in: Wirtschaftspsychologie, Heft 3, 2015, S. 42–50.

Kanning, Uwe Peter (Personalmarketing, 2017): Personalmarketing, Employer Branding und Mitarbeiterbindung, Springer-Verlag, Berlin, Heidelberg, 2017.

Kastner, Michael (Personalmanagement heute, 1990): Personalmanagement heute, Landsberg/Lech, 1990.

Kieser, Alfred/Nagel, Rüdiger/Krüger, Karl-Heinz/Hippler, Gabriele (Einführung neuer Mitarbeiter, 1990): Die Einführung neuer Mitarbeiter in das Unternehmen, 2., überarb. Aufl., Kommentator Vlg., Neuwied, 1990.

Kirkpatrick, Donald (Evaluation, 1996): Evaluation, in: Craig, Robert (Hrsg.): The ASTD Training and Development Handbook, 4., Aufl., New York, 1996, S. 294–312.

Kirkpatrick, Donald (Techniques for evaluating training programs, 1959): Techniques for evaluating training programs, in: Journal of the American Society of Training Directors, Vol. 11, S. 21–26.

Kirkpatrick, Donald/Kirkpatrick, James (Evaluating training programs, 2006): Evaluating training programs – The four levels, 3., Aufl., San Francisco, 2006.

Kirkpatrick, Donald/Kirkpatrick, James (Transferring Learning to Behavior, 2005): Transferring Learning to Behavior – Using the Four Levels to Improve Performance, San Francisco, 2005.

Kleinmann, Martin (Assessment-Center, 2013): Assessment-Center, 2., überarb. und erw. Aufl., Hogrefe, Göttingen, 2013.

Knabenreich, Henner (Google for Jobs, 2019): Google for Jobs, Springer/Gabler Fachmedien, Wiesbaden, 2019.

Kock, Christina (Trennung ohne Folgen, 2015): Trennung ohne Folgen, in: Arbeit und Arbeitsrecht, Heft 4, 2015, S. 232–234.

Kontny, Christian (Fremd in der Firma, 2000): Fremd in der Firma, in: Industriemagazin Nr. 2, 2000, S. 42.

Konrad, Klaus/Traub, Silke (Selbstgesteuertes Lernen in Theorie und Praxis, 1999): Selbstgesteuertes Lernen in Theorie und Praxis, München, 1999.

Leitl, Michael (Humankapital?, 2007): Humankapital?, in: Harvard Business manager, Vol. 9, 2007, S. 47.

Löwe, Petra/Tscharke, Georg (Outplacement, 2015): Outplacement, in: Arbeit und Arbeitsrecht, Heft 10, 2015, S. 590–592.

Lohaus, Daniela/Habermann, Wolfgang (Integrationsmanagement, 2016): Integrationsmanagement – Onboarding neuer Mitarbeiter, 2., unveränderte Aufl., Vandenhoek & Ruprecht, Göttingen, 2016.

Maiß, Sebastian/von Ameln, Falko (Probezeit professionell gestalten, 2015): Probezeit professionell gestalten, in: Arbeit und Arbeitsrecht (AuA), Heft 3, 2015, S. 161–163.

Maslow, Abraham (Motivation and Personality, 1970): Motivation and Personality, 2., überarb. Aufl., New York, Evanston, London, 1970.

McCelland, David (How Motives, Skills, and Values Determine What People Do, 1985): How Motives, Skills, and Values Determine What People Do, in: American Psychologist, Vol. 40, 1985, S. 812–825.

McGregor, Douglas (Der Mensch im Unternehmen, 1970): Der Mensch im Unternehmen – The Human Side of Enterprise, Düsseldorf, 1970.

Mentzel, Wolfgang (Personalentwicklung, 2001): Personalentwicklung – Erfolgreich motivieren, fördern und weiterbilden, München, 2001.

Michalk, Silke/Nieder Peter (Modernes Personalmanagement, 2009): Modernes Personalmanagement – Grundlagen, Konzepte, Instrumente, Weinheim, 2009.

Mühlenhoff, Herbert (Trennung, 2019): Trennung im besten Einvernehmen, in: Personalwirtschaft, Heft 5, 2019, S. 48–49.

Neuberger, Oswald (Personalentwicklung, 1994): Personalentwicklung, Stuttgart, 1994.

Nicolai, Christiana (Personalmanagement, 2018): Personalmanagement, 5. Aufl., UVK Verlagsgesellschaft mbH, Konstanz, München, 2018.

Olfert, Klaus (Personalwirtschaft, 2015): Personalwirtschaft, 16. Aufl., kiehl Vlg., Herne, 2015.

Ouchi, William (Theory Z, 1981): Theory Z – How American Business can Meet the Japanese Challenge, Reading (Massachusetts), 1981.

Paschen, Michael (Kompetenzmodelle, 2003): Kompetenzmodelle – Konzeptioneller Hintergrund und praktische Empfehlungen, in: Wirtschaftspsychologie, Vol. 2, S. 54–59.

Phillips, Jack J. (Return on investment, 2003): Return on investment: In training and performance improvement programs, 2. Aufl., Burlington Mass u.a.: Butterworth-Heinemann Elsevier, 2003.

Porter, Lyman/Lawler, Edward (Managerial Attitudes and Performance, 1968): Managerial Attitudes and Performance, Homewood (Illinois), 1968.

Prahalad, C.K./Hamel, Gary (The Core Competence of the Corporation, 1990): The Core Competence of the Corporation, in: Harvard Business Review, May-June, 1990, S. 79–91.

Reddin, William (The 3-D Management Style Theory, 1979): The 3-D Management Style Theory, in: Training & Development Journal, Vol. 33, 1979, S. 62–67.

Reichmann, Thomas/Kißler, Martin/Baumöl, Ulrike: (Controlling mit Kennzahlen und Management-Tools, 2017): Controlling mit Kennzahlen und Management-Tools – Die systemgestützte Controlling-Konzeption, 9., überarb. und erw. Aufl., München, 2017.

Ridder, Hans-Gerd (Personalwirtschaftslehre, 2009): Personalwirtschaftslehre, 3., überarb. und aktual. Aufl., Stuttgart, 2009.

Rowold, Jens (Human Resource Management, 2015): Human Resource Management – Lehrbuch für Bachelor und Master, Berlin, Heidelberg, 2015.

Sabathil, Peter (Zur Fluktuation von Arbeitskräften, 1976): Zur Fluktuation von Arbeitskräften – Determinanten, Kosten und Nutzen aus betriebswirtschaftlicher Sicht, zugl. Diss., München, 1976.

Sauter, Werner/Staudt, Anne-Kathrin (Kompetenzmessung in der Praxis, 2016): Kompetenzmessung in der Praxis – Mitarbeiterpotenziale erfassen und analysieren, Wiesbaden, 2016.

Schein, Edgar (Organizational Psychology, 1965): Organizational Psychology, Englewood Cliffs (New Jersey), 1965.

Scholz, Christian (Grundzüge des Personalmanagements, 2014): Grundzüge des Personalmanagements, 2., überarb. Aufl., München, 2014.

Scholz, Christian (Personalmanagement, 2013): Personalmanagement – Informationsorientierte und verhaltenstheoretische Grundlagen, 6., neubearb. und erw. Auflage, Verlag Franz Vahlen GmbH, München, 2013.

Schuler, Heinz (Das Einstellungsinterview, 2018): Das Einstellungsinterview, 2., überarb. Aufl., Hogrefe, Göttingen, 2018.

Schulte, Christof (Personalcontrolling mit Kennzahlen, 2002): Personalcontrolling mit Kennzahlen, 2., überarb. und erw. Aufl., München, 2002.

Schulte, Christof (Personalcontrolling mit Kennzahlen, 2020): Personalcontrolling mit Kennzahlen, 4., Aufl., München, 2020.

Schwab, Adolf (Managementwissen für Ingenieure, 2008): Managementwissen für Ingenieure – Führung, Organisation, Existenzgründung, 4., neu bearb. Aufl., Berlin, Heidelberg, 2008.

Schwaab, Markus-Oliver/Jacobs, Volker (Die nächste HR-Transformation, 2018): Die nächste HR-Transformation, in: Personalwirtschaft, Heft 3, 2018, S. 30–31.

Skinner, Burrhus (Was ist Behaviorismus?, 1978): Was ist Behaviorismus?, Reinbek, 1978.

Solga, Marc/Ryschka, Jurij/Mattenklott, Axel (Personalentwicklung: Gegenstand, Prozessmodel, Erfolgsfaktoren, 2008): Personalentwicklung: Gegenstand, Prozessmodell, Erfolgsfaktoren, in: Ryschka, Jurij/Solga, Marc/Mattenklott, Axel (Hrsg.): Praxishandbuch Personalentwicklung, 2., überarb. und erw. Aufl., Wiesbaden, 2008, S. 19–34.

Strauch, Anne/Jütten, Stefanie/Mania, Ewelina (Kompetenzerfassung in der Weiterbildung, 2009): Kompetenzerfassung in der Weiterbildung – Instrumente und Methoden situativ anwenden, Bielefeld, 2009.

Stock-Homburg, Ruth (Personalmanagement, 2013): Personalmanagement – Theorien, Konzepte, Instrumente, 3., überarb. und erw. Aufl., Springer Gabler, Wiesbaden, 2013.

Strube, Albrecht (Mitarbeiterorientierte Personalentwicklungsplanung, 1982): Mitarbeiterorientierte Personalentwicklungsplanung, Berlin, 1982.

Tannenbaum, Robert/Schmidt, Warren (How to Choose A Leadership Pattern, 1958): How to Choose A Leadership Pattern, in: Harvard Business Review, Vol. 36, 1958, S. 95–101.

Thom, Norbert/Blunk, Thomas (Strategisches Weiterbildungs-Controlling, 1995): Strategisches Weiterbildungs-Controlling, in: Landsberg von, Georg/Weiß, Reinhold (Hrsg.): Bildungs-Controlling, 2., überarb. Aufl., Stuttgart, 1995, S. 35–46.

Träger, Thomas (Organisation, 2018): Organisation, Verlag Franz Vahlen, München, 2018.

Ullah, Maïté/Ullah, Robindro: (Erfolgsfaktor Candidate Experience, 2015) Erfolgsfaktor Candidate Experience, Der Perspektivwechsel im Recruiting, Schäffer-Poeschel Verlag, Stuttgart, 2015.

Ulrich, Dave (HR of the future, 1997): HR of the future – Conclusions and observations, in: Human Resource Management, heft 1, 1997, S. 175–179.

Ulrich, Dave/Brockbank, Wayne (The HR Business-Partner Modell – Past Learnings and Future Challenges, 2009): The HR Business-Partner Modell – Past Learnings and Future Challenges, in: People & Strategy, Heft 2, 2009, S. 5–7.

Verführt, Claus (Einarbeitung, Integration und Anlernen, 2010): Einarbeitung, Integration und Anlernen neuer Mitarbeiter, in: Bröckermann, R./Müller-Vorbrüggen, M. (Hrsg.): Handbuch Personalentwicklung, 3. Aufl., Stuttgart, 2010, S. 157–176.

Verhoeven, Tim (Hrsg.) (Candidate Experience, 2016): Candidate Experience, Ansätze für eine positiv erlebte Arbeitgebermarke im Bewerbungsprozess und darüber hinaus, Springer Gabler Verlag, Wiesbaden, 2016.

Vroom, Victor (Work and Motivation, 1964): Work and Motivation, New York, 1964.

Wagner, Kerstin (Mitarbeiter als Botschafter): Mitarbeiter als Botschafter, in: Personalmagazin, Heft 12, 2014, S. 22–24.

Watzka, Klaus (Einführung neuer Mitarbeiter, 2014): Einführung neuer Mitarbeiter, in: Die Bank, Heft 05/2014, S. 74–78.

Weiss-Bölz, Verena/Heinz, Katharina (Arbeit auf Abruf, 2019): Arbeit auf Abruf – Neue Chancen und Risiken durch gesetzliche Anpassungen?, in: Arbeit und Arbeitsrecht (AuA), Heft 2, 2019, S. 80–83.

Wien, Andreas/Franzke, Norman (Systematische Personalentwicklung, 2013): Systematische Personalentwicklung – 18 Strategien zur Implementierung eines erfolgreichen Personalentwicklungskonzepts, Wiesbaden, 2013.

Wunderer, Rolf (Führung und Zusammenarbeit, 2003): Führung und Zusammenarbeit – Eine unternehmerische Führungslehre, 5., überarb. Aufl., München, 2003.

Wunderer, Rolf/von Arx, Sabine (Personalmanagement als Wertschöpfungs-Center, 2002): Personalmanagement als Wertschöpfungs-Center – Unternehmerische Organisationskonzepte für interne Dienstleister, 3., aktual. Aufl., Wiesbaden, 2002.

Wunderer, Rolf/Grunwald, Wolfgang (Führungslehre, 1980): Führungslehre – Grundlagen der Führung, Berlin, New York, 1980.

Ziegler, Albert (Mentoring, 2009): Mentoring: Konzeptuelle Grundlagen und Wirksamkeitsanalyse, in: Stöger, Heidrun; Ziegler, Albert; Schimke, Diana (Hrsg.): Mentoring, theoretische Hintergründe, empirische Befunde und praktische Anwendungen, Pabst Science Publishers, Lengerich, 2009, S. 7–30.

Onlinequellen

Checkpoint eLearning (Hrsg.) (Konnektivismus als Lerntheorie der Zukunft [Online], 2012): Konnektivismus als Lerntheorie der Zukunft [Blogeintrag], online verfügbar unter: <https://www.checkpoint-elearning.de/veranstaltungen/kongresse/konnektivismus-als-lerntheorie-der-zukunft>, Zugriff am 14.05.2020.

Die Zeit (Hrsg.) (Offene Stellen [Online], 2017): Fast 500.000 offene Stellen im technischen Bereich, online verfügbar unter: <http://www.zeit.de/wirtschaft/2017-11/mint-berufe-fachkraeftemangel-offene-stellen>, Zugriff am 19.05.2020.

Lernpsychologie (Hrsg.) (Behaviorismus [Online], 2014): Behaviorismus [Blogeintrag], online verfügbar unter: <http://www.lernpsychologie.net/lerntheorien/behaviorismus>, Zugriff am 14.05.2020.

Maurer, David (Evaluation von Trainingsprogrammen [Online], 2015): Evaluation von Trainingsprogrammen – Die vier Stufen von Kirkpatrick (1959) [Blogeintrag], online verfügbar unter: <https://www.evalea.de/klassiker-evaluation-von-trainingsprogrammen-die-vier-stufen-von-kirkpatrick-1959/>, Zugriff am 14.05.2020.

Wipp, Michael (Pflegekennzahlen Bayern [Online], 2019): Pflegekennzahlen Bayern, online verfügbar unter: <https://www.michael-wipp.de/fachbeitraege/pflegekennzahlen/>, Zugriff am 30.08.2020.

WuV (Hrsg.) (Glasermeister Sterz findet Azubis [Online], 2018): Glasermeister Sterz findet Azubis dank Facebook-Hit, in: Werben & Verkaufen (WuV), 3. April 2018, online verfügbar unter: <https://www.wuv.de/tech/glasermeister_sterz_findet_azubis_dank_facebook_hit>, Zugriff am 23.05.2020.

Unveröffentlichte Quellen

Graspointner, Deborah (Analyse der Relevanz von Mitarbeiterfluktuation, 2019): Analyse der Relevanz von Mitarbeiterfluktuation für Organisationen in Deutschland im Jahr 2018 am Beispiel der DAX30 Unternehmen, unveröffentlichte Studienarbeit, München, 2019.

Stichwortverzeichnis

A
Abfindung 171
Abgangs-Zugangs-Tabelle 21
Abmahnung 169
Active Sourcing 38
Akkordfähigkeit 82
Akkordlohn 80
Allgemeines Gleichbehandlungsgesetz 34, 62
Anhörung des Betriebsrates 157, 173
Arbeitgebermarke 27
Arbeitsprobe 56
Arbeitszeit 67
– gesetzl. Regelungen 69
– Schutzvorschriften 70
Arbeitszeitmanagement 66
Assessment-Center 57
Aufhebungsvertrag 163
Außerordentliche Kündigung 166

B
Bedürfnispyramide 135
Berufsbildung 108
Betreuungsschlüssel 17
Betriebliche Übung 85
Betriebsänderung 174
Bewerber 26
Bewerberinterview 50
Bewerbungsunterlagen 41
– Analyse 49
Bildungscontrolling 123
Biographische Fragebögen 54
Bruttopersonalbedarf 12
– Prognose 15

C
Cafeteria-System 87
Candidate-Experience 42, 61
Candidate-Journey 41

Charisma-Theorie 143
Chronologie 67
Chronometrie 67

D
Defizitbedürfnis 136
Dynaxität 4

E
Eigenschaftstheorie der Führung 143
Eignungsdiagnostik 46
Einarbeitungsplan 102
Einstellungsstopp 163
E-Learning 116
Employee Value Proposition 27
Employer Brand 27, 42
Entlohnung 76
E-Recruiting 35
Erfolgsbeteiligung 85
ERG-Theorie 138
Erholungsurlaub 71
Evaluationsmodell 124
Extrinsische Motivation 134

F
Fluktuation 162
Führungsstilkontinuum 144
Führungsstil-Typologie 145
Führungstheorien 142

G
Geldakkord 80
Gleitzeit 73
Grundentgelt 77

H
Halo-Effekt 52
HR-Business-Partner 5
HR-Management 3
HR-Service-Delivery Model 7

HR-Transformation
– digitale 7
Human-Capital-Ansatz 126
Humankapital 126
Human-Relations-Ansatz 133
Hygienefaktoren 137

I
Individualarbeitsrecht 9
Inhaltstheorien der Motivation 135
Initiativbewerbung 32
Instrumentalität 140
Intrinsische Motivation 134

K
Kandidat 26
Kapitalbeteiligung 86
Kapovaz 75
Kognitive Einzeltests 55
Kollektivarbeitsrecht 10
Kompetenz 108
Kompetenzatlas 110
Kompetenzentwicklung 112
Kompetenzmanagementmodell 109
Kontingenzmodell 147
Kontrast-Effekt 52
Kündigung
– außerordentliche 166
– betriebsbedingte 170
– Formvorschrift 173
– ordentliche 165
– personenbedingte 168
– verhaltensbedingte 169
Kündigungsfrist 166
Kündigungsschutz 157
Kündigungsschutzgesetz 168
Kurzarbeit 161

L
Leiharbeit 39
Leitungsspanne 17

M
Managerial Grid 145
Maslow-Pyramide 135
Massenentlassung 175
Menschenbild 130
Mentorenprogramm 101
Mindestlohn 80
Mitarbeiterbeteiligung 85
Motiv 134
Motivation 134
Motivation-Crowding-Out-Effekt 135
Motivationstheorien 135
Multimodales Interview 59

N
Nettopersonalbedarf 22
New Work 5

O
Onboarding 97
Ordentliche Kündigung 165
Orientierungsseminar 100
Outplacement 176

P
Patenprogramm 100
Personal 8
Personaladministration 2
Personalauswahl 46
– Entscheidung 61
– Gütekriterien 47
Personalbedarf 12
Personalbedarfsplanung 11
– Grundmodell 14
Personalbemessung 18
Personalbeschaffung 25, 27
– aktive 35
– externe 31
– interne 29
– passive 32
Personalbestand 12
– Prognose 19
Personaldisposition 91
Personaleinarbeitung 90, 95

Personaleinsatz 90
Personalentwicklung 106
Personalentwicklungscontrolling 123
Personalfreisetzung 154
– einvernehmliche 163
– sanfte 157
Personalmanagement
– Definition 3
– Herausforderungen 3
– Teilbereiche 8
Personalmarketing 26
Personalpool 93
Personalstrategie 7
Personalüberhang 154
Personelle Einzelmaßnahmen 30, 95
Planspiele 117
Postkorbübung 56
Potenzialanalyse 113
Prämie 83
Prämienlohn 82
Produktivität 17
Profile Mining 39
Profilvergleichsmethode 94
Provision 83
Prozesstheorien der Motivation 139

Q
Qualifikation 108
Qualifikationsanalyse 113

R
Recruiting 32
Recruiting-Events 37
Recrutainment 37
Rollenmodell 5
Rollenspiele 57, 117
Rosenkranzformel 18

S
Schichtarbeit 68
Scientific Management 133

Selbstbestimmtes Lernen 122
Selbstorganisiertes Lernen 122
Serious Gaming 118
Siebmodell 48
Situative Verfahren 55
Sozialauswahl 170
Sozialisationsmodell 98
Span of Control 17
Stellenanzeige 33
Stellenzuordnung 93
Sympathiefehler 52

T
Teilzeitarbeit 68
Theorie X, Y 131
Theorie Z 132
Training 109
Trichtermodell 48

V
Valenz 140
Verhaltensgitter 145
Verhaltenstheorien der Führung 144
Versetzung 30, 161
Vertrauensarbeitszeit 74
Vier-Stufen-Methode 115
Vollzeitarbeit 67
Vorstellungsgespräch 50
– Verbesserung 53
VUCA 1

W
Wachstumsbedürfnis 136
Work-Life-Balance 5

Z
Zeitakkord 80
Zeitlohn 78
Zeitstabilitätshypothese 23
Zwei-Faktoren-Theorie 137